能源与电力分析年度报告系列

2016
中国新能源发电分析报告

国网能源研究院　编著

中国电力出版社
CHINA ELECTRIC POWER PRESS

内 容 提 要

《中国新能源发电分析报告》是能源与电力分析年度报告系列之一，主要对2015年中国风电、太阳能发电等新能源发电并网运行情况、政策法规和新能源发电热点问题进行了全面分析研究，以期为关心新能源发电的各方面人士提供有价值的参考。

本报告围绕2015年新能源发电开发建设情况、运行消纳情况、发电及并网技术创新、发电成本、最新颁布的政策法规、热点问题等进行了全面分析。总结了“十二五”期间我国新能源发电发展的成就和主要特点，展望了国内外新能源发电发展趋势。

本报告适合能源分析人员、经济分析人员、国家相关政策制定者及科研工作者参考使用。

图书在版编目（CIP）数据

中国新能源发电分析报告．2016/国网能源研究院编著．—北京：中国电力出版社，2016.9

（能源与电力分析年度报告系列）

ISBN 978-7-5123-9820-7

Ⅰ.①中… Ⅱ.①国… Ⅲ.①新能源—发电—对比研究—研究报告—中国—2016 Ⅳ.①TM61

中国版本图书馆CIP数据核字（2016）第228641号

中国电力出版社出版、发行

（北京市东城区北京站西街19号 100005 http://www.cepp.sgcc.com.cn）

汇鑫印务有限公司印刷

各地新华书店经售

*

2016年9月第一版 2016年9月北京第一次印刷

700毫米×1000毫米 16开本 9.75印张 116千字

印数0001—2500册 定价 **50.00**元

能源与电力分析年度报告
编　委　会

《中国新能源发电分析报告》
编　写　组

组　长　李琼慧

副组长　宋卫东

成　员　谢国辉　郑漳华　樊　昊　汪晓露　李梓仟　王彩霞
黄碧斌　胡　静　洪博文　雷雪姣　闫　湖　刘佳宁

前　言

国网能源研究院多年来紧密跟踪新能源发电发展规模、并网运行及利用情况、政策法规等，形成年度系列分析报告，为政府部门、电力企业和社会各界提供了有价值的决策参考和信息。

为了及时、全面反映中国新能源发电行业情况，特别是新能源发电并网及利用相关情况，国网能源研究院对2015年中国风电、太阳能发电等新能源发电情况进行了全面的分析研究，形成了2016年度《中国新能源发电分析报告》，力求能够为关注新能源发展的政府主管部门、科技人员、能源行业从业人员及其他读者提供有益的借鉴和参考。

本报告对2015年中国新能源发电项目开发与建设、并网运行及利用、并网技术与标准、发电成本、政策法规、热点问题等进行了分析研究，并对“十二五”期间中国新能源发电发展成就和特点进行了总结分析，与其他年度报告相辅相成，互为补充。

本报告共分为7章。第1章是新能源发电开发建设情况，主要分析了中国新能源开发规模、配套电网工程建设情况；第2章是新能源发电运行消纳情况，分析了新能源发电运行利用水平、弃风弃光电量分布特性、重点地区新能源发电消纳等情况；第3章是新能源发电及并网技术创新，分析了风力发电、太阳能发电、其他新能源发电、并网支撑技术的最新发展情况；第4章是新能源发电成本，从单位投资成本、度电成本等方面分析了风电、太阳能发电的经济性；第5章是新能源发电产业政策，主要梳理了中国2015年最新出台的新能源政策法规；第6章是新能源发电热点问题分析，针对新能源消纳市场机制、可再生能源补贴资金、光伏扶贫工程、海上风电发展前景、中国垃圾发电发展、德国可再生能源弃电等热点问题进行了深入分析；第7章是“十二五”新能源发电发展回顾及展望，对“十二五”期间中国新能源发电发展成就和特点进行了总结分析，展望世界及中国新能源发电发展趋势。

本报告概述部分由谢国辉主笔；第1、2章由樊昊、谢国辉主笔；第3章由郑漳华主笔；第4章由汪晓露主笔；第5章由郑漳华主笔；第6章由谢国辉、郑漳华、汪晓露、黄碧斌、王彩霞，德国国际合作机构（GIZ）的Sandra Retzer、Jana Ohlendorf，中国电力发展促进会可再生能源发电分会的刘映华、刘哲主笔；第7章由谢国辉、郑漳华主笔；附录部分由李梓仟、樊昊主笔。本报告统稿工作主要由谢国辉、郑漳华承担，刘佳宁校核。

在本报告的编写过程中，得到了能源、电力领域多位专家的悉心指导和帮助，在此一并表示深切的谢意！

特别感谢德国国际合作机构（GIZ）、中国电力发展促进会可再生能源发电分会对本报告编制给予的大力支持，分别就德国可再生能源弃电、中国垃圾发电发展问题分享了宝贵经验，提出了许多建设性意见。

限于作者水平，虽然对书稿进行了反复研究推敲，但难免仍会存在疏漏与不足之处，恳请读者谅解并批评指正！

编著者

2016年9月

目 录

前言

概述 1

1 新能源发电开发建设情况 5

1.1 风电 …… 7

1.1.1 陆上风电 …… 7

1.1.2 海上风电 …… 12

1.2 太阳能发电 …… 13

1.2.1 光伏发电 …… 14

1.2.2 光热发电 …… 20

1.3 其他新能源发电 …… 21

1.3.1 生物质发电 …… 22

1.3.2 地热发电 …… 23

1.3.3 海洋能发电 …… 24

1.4 新能源配套电网工程建设 …… 24

2 新能源发电运行消纳情况 28

2.1 风电 …… 28

2.1.1 运行及利用情况 …… 28

2.1.2 弃风电量分布特性 …… 31

2.1.3 重点地区风电消纳分析 …… 34

2.2 光伏发电 …… 41
2.2.1 运行及利用情况 …… 41
2.2.2 弃光电量分布特性 …… 43
2.2.3 重点地区光伏发电消纳分析 …… 44
2.3 其他新能源发电运行消纳 …… 48
3 新能源发电及并网技术创新 49
3.1 风力发电技术 …… 49
3.1.1 低风速风机 …… 49
3.1.2 无叶片风机 …… 51
3.2 太阳能发电技术 …… 52
3.2.1 太阳电池技术 …… 52
3.2.2 新型光伏发电技术 …… 55
3.2.3 光热发电技术 …… 57
3.3 其他新能源发电技术 …… 58
3.3.1 氢能技术 …… 58
3.3.2 先进核电技术 …… 59
3.4 新能源并网支撑技术 …… 60
3.4.1 大容量储能技术 …… 60
3.4.2 柔性直流输电技术 …… 62
3.5 新能源标准及技术规范 …… 63
4 新能源发电成本 65
4.1 风电成本 …… 65
4.2 光伏发电成本 …… 69
4.3 成本变化趋势分析 …… 72
4.3.1 风电成本变化趋势 …… 72

4.3.2 光伏发电成本变化趋势 …… 73

5 新能源发电产业政策 75

5.1 新能源产业政策 …… 75

5.2 风电产业政策 …… 76

5.3 太阳能发电产业政策 …… 79

5.4 其他新能源产业政策 …… 82

6 新能源发电热点问题分析 85

6.1 电力市场化环境下新能源消纳机制分析 …… 85

6.1.1 电力体制改革新形势对新能源消纳的要求 …… 85

6.1.2 我国新能源优先消纳机制探索及实践 …… 86

6.1.3 国外新能源消纳市场机制的经验 …… 87

6.1.4 我国可再生能源优先消纳机制设计建议 …… 89

6.2 “十三五”可再生能源补贴资金测算及疏导方式分析 …… 90

6.2.1 补贴政策演变及征收发放情况 …… 90

6.2.2 “十三五”期间可再生能源补贴资金测算 …… 92

6.2.3 可再生能源补贴资金缺口疏导方式 …… 93

6.3 光伏扶贫工程相关问题分析 …… 94

6.3.1 光伏扶贫试点推进情况 …… 94

6.3.2 需要关注的问题分析 …… 95

6.4 海上风电技术经济特性及发展前景分析 …… 99

6.4.1 海上风电发展现状 …… 99

6.4.2 海上风电出力特性 …… 100

6.4.3 海上风电经济性分析 …… 103

6.4.4 海上风电发展前景分析 …… 104

6.5 中国垃圾发电发展现状和前景分析 …………… 107
6.5.1 垃圾发电的发展现状 …………………… 107
6.5.2 垃圾发电面临的主要问题 ……………… 108
6.5.3 垃圾发电的发展趋势 …………………… 110
6.6 德国可再生能源限电现状研究和经验分析 ……… 111
6.6.1 现状研究………………………………… 111
6.6.2 经验分析………………………………… 114
7 “十二五”新能源发电发展回顾及展望 119
7.1 “十二五”新能源发电发展回顾 …………… 119
7.2 新能源发电发展展望 …………………………… 123
7.2.1 全球新能源发电发展趋势 ……………… 123
7.2.2 中国新能源发电发展趋势 ……………… 125
附录 1 2015 年世界新能源发电发展概况……………… 128
附录 2 国外最新出台新能源发电产业政策动态 ……… 135
附录 3 世界新能源发电数据 …………………………… 139
附录 4 中国新能源发电数据 …………………………… 141
参考文献…………………………………………………… 146

概　　述

目前新能源尚未有规范的定义，本报告中新能源主要是指风能、太阳能、生物质能、地热能、潮汐能等非水可再生能源。本报告对中国新能源发电项目开发与建设、并网运行及利用、发电技术创新、发电成本、政策法规、发展趋势等进行了全面分析研究，并对2015年新能源发电热点问题进行了专题分析研究。报告还总结了“十二五”期间中国新能源发电发展情况，对世界新能源发电发展趋势和中国新能源发电发展形势进行了展望。

本报告主要概述如下：

中国风力发电发展保持强劲增长势头，累计并网容量突破1亿kW。中国风电自2006年开始持续快速增长，2006年全国风电装机容量仅200万kW，到2012年突破6000万kW，超过美国成为世界第一，仅仅用了5年半的时间，走过了欧美等国15年的发展历程。“十二五”期间，全国年均新增装机容量1974万kW，相当于每年新增4个丹麦风电装机。2015年，中国全年风电新增并网容量3173万kW，新增并网容量创历史新高，累计风电装机容量达到12 830万kW，约占全球风电总装机容量的30%。

太阳能发电新增装机容量创历史新高，光伏累计装机容量成为世界第一。中国太阳能发电经过了多年的探索和起步，从2009年开始进入快速发展时期，规模持续扩大。2015年，中国新增太阳能并网容量1513万kW，创历史新高，累计装机容量达到4319万kW，同比增长54%。“十二五”期间，中国太阳能发电实现跨越式增长，光伏发电装机容量年均增长846万kW，新增装机容量连续三年居世界首位，累计装机容量超过德国，成为世界第一；光热发电试验示范工程取得突破，建成我国第一座商业化运行塔式光热电站。

新能源运行消纳形势严峻，区域间呈现出不同的消纳特性。2015年全国因弃风限电造成的损失电量达339亿kW·h，弃风率为15.5%，8个省级电网弃风率超过10%；弃光电量为48亿kW·h，弃光率为10.3%，5个省级电网发生弃光，甘肃、新疆弃光率超过20%，分别达31%和20%。从地域分布来看，弃风、弃光电量主要分布在“三北”地区；从时段分布来看，东北、华北地区弃风主要集中在冬春的供暖期和后夜低谷时段；西北弃风分布无明显规律，主要受外部环境的影响波动较大。

新能源发电及并网技术创新持续发展，对未来新能源发电产业的发展将产生重要影响。低风速、无叶片成为风力发电技术发展的新热点。太阳能发电技术取得新的进展，不同类型太阳能发电技术效率进一步提高，旋转太阳电池、球形太阳电池和塔式熔岩光热发电等新型技术创新发展。以锂离子为代表的电化学储能技术在能量密度、使用寿命、充电时间、续航能力等方面实现了新的突破。

新能源发电成本降幅收窄，但市场竞争力持续提升。2015年，全球风电、太阳能发电成本均继续下降，但与2010—2014年间逐年的降幅相比明显减缓。2015年，全球可再生能源发电技术的成本竞争力进一步提升，陆上风电发电成本已经可以与化石燃料发电竞争，太阳能光伏发电平准化发电成本比2010年减少了一半以上。

“十三五”可再生能源补贴缺口扩大，疏导机制急需建立。参照“十二五”调价幅度，风电、光伏发电年均下调0.02、0.03分/（kW·h），按照燃煤机组标杆上网电价不变测算，“十三五”期间补贴资金需求

6000亿元。若可再生能源电价附加征收标准保持0.019元/（kW·h），可征收4373亿元，补贴资金缺口达到1627亿元。提出四种疏导方式，包括可再生能源发展规模与补贴资金相协调、明确可再生能源上网电价动态调整机制、上调可再生能源电价附加标准至0.03元/（kW·h）、调整补贴期限等。

推进光伏扶贫工程重点需要解决好四个方面的问题。一是户用光伏扶贫项目的商业模式仍需进一步优化完善，现有部分模式下贫困户收益较少或长期收益存在不确定性；二是可再生能源补贴资金下拨拖后问题，影响扶贫效果，但为实现按时转拨，电网企业长期垫付压力较大；三是试点县规划目标过高，超过县域电网消纳能力，增加电网安全运行风险；四是户用分布式光伏项目运维保障难度较大，不利于项目长期高效发电。

垃圾发电逐渐引起关注，垃圾发电量增长快速。随着中国“垃圾围城”的现象越来越严重，垃圾焚烧发电项目获得了快速发展。2009—2014年，垃圾焚烧发电装机容量从130万kW增长到359万kW，年均增速23%，全年发电量从67.48亿kW·h增长到176亿kW·h，年均增速21%。进入“十三五”期间，随着全国生活垃圾产生量持续增长以及垃圾焚烧处理的比例进一步提高，垃圾焚烧发电有望延续“十二五”期间快速发展的态势，项目投运数量将持续快速增长。预计2020年，垃圾焚烧发电量约为7.7万亿kW·h，垃圾焚烧发电量将占中国电力总发电量的0.82%左右。

“十二五”期间我国新能源发电发展取得巨大成就，具有五个方面的特点。一是新能源发电开始由补充电源向替代电源转变。新能源发电量占全社会用电量的比例从1.2%提高到4.8%。2015年，新能源新增发电量首次超过全部电源新增发电量。二是光伏发电呈现爆发式增长。自2013年起，光伏发电发展进入快速发展阶段。2013—

2015年，光伏发电年均新增并网容量1169万kW，年均增速高达86%。三是新能源发电和并网调控技术创新取得显著进步。风机呈现大容量发展趋势，多种太阳能光伏电池竞相发展，转换效率不断提高。光热发电技术取得新突破，塔式技术开始示范应用。大规模新能源并网调控技术走在世界前列。四是新能源发电成本进一步下降，光伏发电下降明显。2010—2015年，陆上风电、光伏电站单位投资成本降幅分别达到11%、56%。五是新能源配套跨区电网建设取得重要成就。建成了多个重大新能源配套跨区输电工程，新能源并网及送出线路累计长度超过4万km，相当于绕地球一周。

未来我国风电、太阳能发电等新能源发电将继续保持较快发展速度，发展前景广阔。预计2016年，陆上风电继续保持平稳增长，新增风电并网容量维持在2500万kW左右，中东部地区风电将加快发展。海上风电发展有望进一步提速，新增海上风电并网容量超过200万kW，累计并网容量有望超过300万kW。光伏发电迅猛增长，全年新增并网容量有望达到3000万kW左右，累计并网容量将超过7000万kW，同比增长约60%。光热发电将进入加快发展阶段，新增并网容量有望超过200万kW。

1

新能源发电开发建设情况

经过近十年的艰苦努力，我国新能源发展已经走在了世界前列。2015 年，我国新能源发电新增装机容量超过 5000 万 kW，累计装机容量超过 1.8 亿 kW，占全球新能源装机的 1/4。其中，风电装机容量连续四年世界第一，太阳能发电装机容量为 4319 万 kW，首次超越德国成为世界第一，成为我国新能源发展史上新的里程碑。

截至 2015 年底，我国新能源发电并网容量约 18 215 万 kW，同比增长 37%，如图 1-1 所示。其中，风电并网容量 12 830 万 kW，太阳能发电并网容量 4319 万 kW，其他新能源发电并网容量约 1065 万 kW，分别占新能源发电并网容量的 70%、24%、6%。2015 年我国新能源发电并网容量构成如图 1-2 所示。并网新能源装机容量约

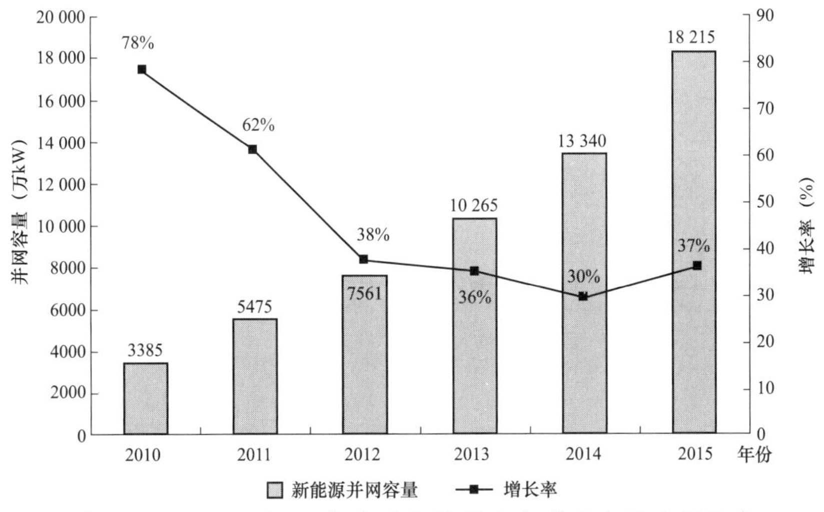

图 1-1　2010—2015 年中国新能源发电并网容量及增长率

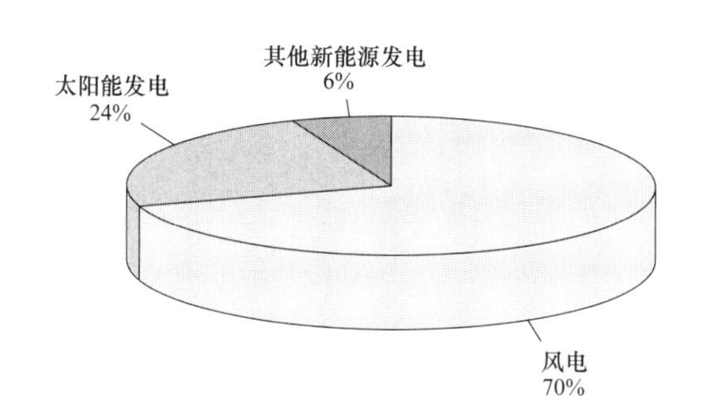

图 1-2 2015 年中国新能源发电并网容量构成

占我国全部发电装机容量❶的 12.1%，比 2014 年提高 2.3 个百分点。

2015 年，我国新能源发电量约 2753 亿 kW•h，同比增长 24%，如图 1-3 所示。其中，风电发电量 1851 亿 kW•h，太阳能发电量 383 亿 kW•h，其他新能源发电量约 519 亿 kW•h，分别占新能源发电量的 67%、14%、19%。2015 年我国新能源发电量构成如图 1-4 所示，

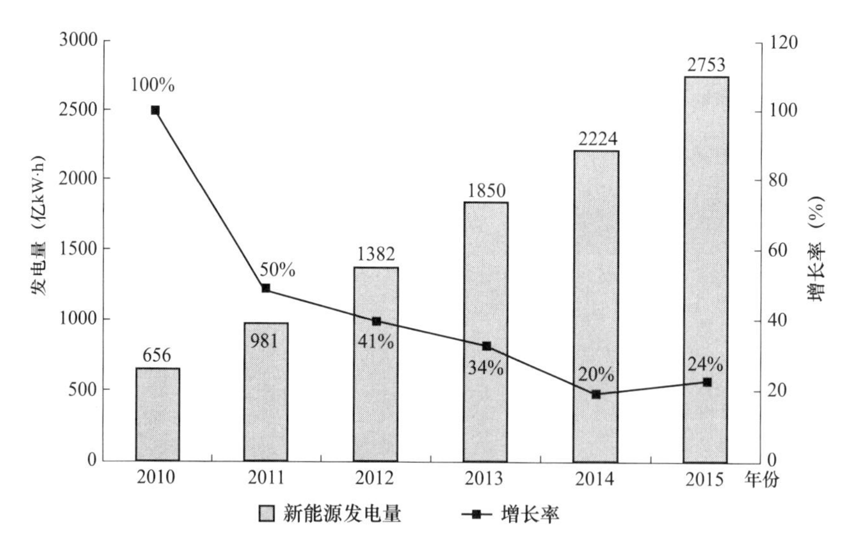

图 1-3 2010—2015 年中国新能源发电量及增长率

❶ 数据来源：中国电力企业联合会，2015 年全国发电装机容量为 150 673 万 kW。

我国新能源总发电量约占全部发电量[1]的4.9%，比2014年提高1.0个百分点。

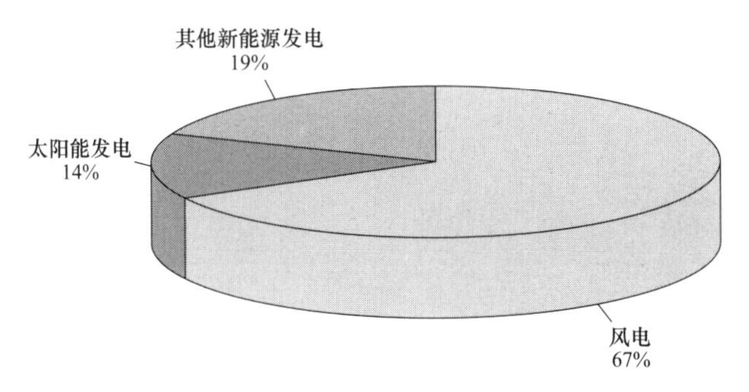

图1-4 2015年中国新能源发电量构成

1.1 风电[2]

我国风电自2006年开始持续快速增长。2006年全国风电装机容量仅为200万kW，到2012年突破6000万kW，超过美国成为世界第一，仅仅用了5年半的时间，走过了欧美等国15年的发展历程。2012年，我国风电装机容量超过美国，成为世界第一。“十二五”期间，全国年均新增装机容量1974万kW，相当于每年新增4个丹麦风电装机。2015年，我国风电继续保持强劲增长势头，全年风电新增并网容量3173万kW，新增并网容量创历史新高。截至2015年底，我国风电并网容量达到12 830万kW，约占全球风电总装机容量的30%。

1.1.1 陆上风电

我国风电新增装机容量创历史新高，西北地区风电装机迅猛增长。2015年，我国风电新增装机容量3173万kW，同比增长58%。

---

[1] 数据来源：中国电力企业联合会，2015年全国全口径发电量为56 045亿kW·h。

[2] 数据来源：本报告中国风电数据来自中国电力企业联合会。

“十二五”期间，我国年均新增装机容量 1974 万 kW，约是“十一五”的 3.5 倍。2010—2015 年中国风电新增装机容量如图 1-5 所示。其中，西北地区新增风电装机容量最大，年新增装机容量 1610 万 kW，同比增长 123%，占全国风电新增装机容量的 51%；华北地区年新增装机容量 600 万 kW，占全国风电新增装机容量的 19%。2015 年中国风电新增装机容量地区分布如图 1-6 所示。

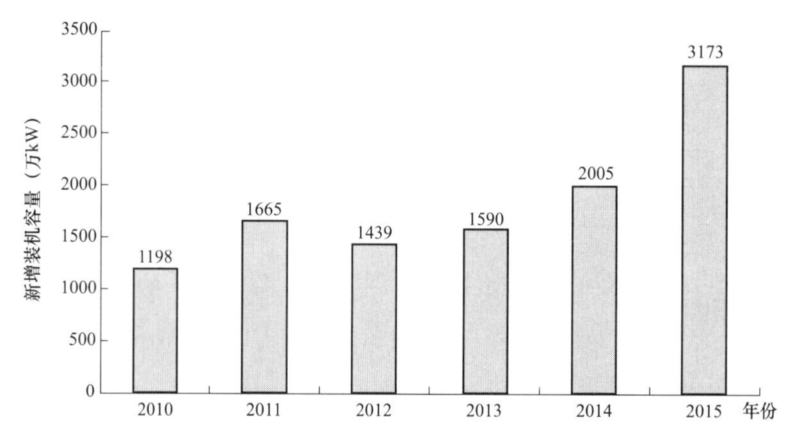

图 1-5　2010—2015 年中国风电新增装机容量

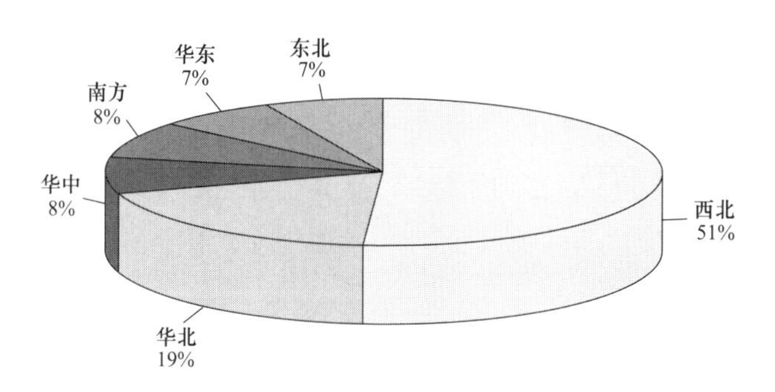

图 1-6　2015 年中国风电新增装机容量地区分布

风电累计装机容量持续快速增长，超额完成“十二五”规划目标。截至 2015 年底，我国风电累计装机容量达到 12 830 万 kW，同比增长33%。“十二五”期间，我国风电装机容量由2010年2958万kW增长到2015年12 830万kW，年均增长34%，风电装机规模持续保持全球第一，约占世界风电装机容量的30%。2010—2015年中国风电装机容量及增长率如图1-7所示。

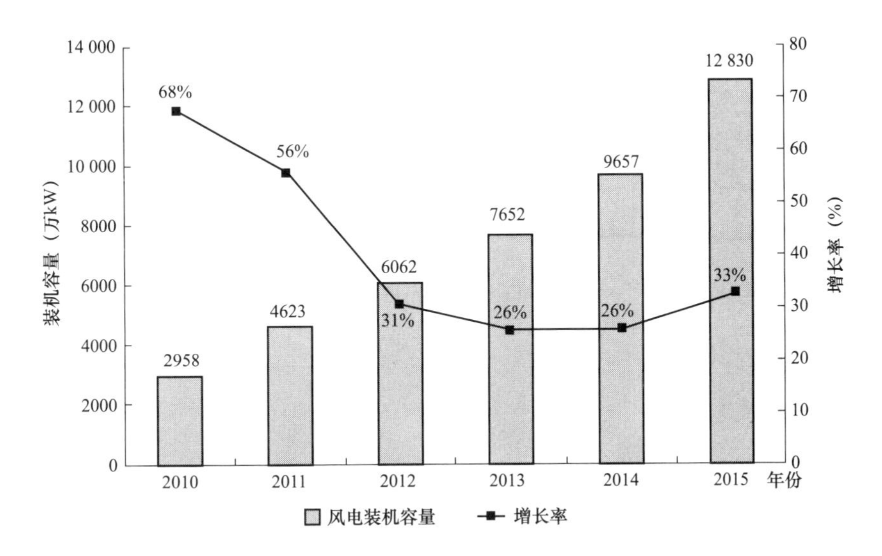

图1-7　2010—2015年中国风电装机容量及增长率

风电装机主要集中在“三北”地区。截至2015年底，华北、西北、东北、华东、华中、南方电网风电装机容量分别为4001万、3927万、2467万、885万、532万、1019万kW，其中，“三北”地区合计约占全国风电装机总量的82%。2015年中国风电装机容量分区域分布如图1-8所示。

3个省级电网风电装机容量超过千万千瓦。我国风电装机地域集中度较高，排名前五位的省区装机容量合计占全国风电总装机容量的一半。截至2015年底，新疆、蒙西、甘肃风电装机容量超过千万千瓦。其中，新疆电网风电装机容量达1691万kW，同比增长118%，超过蒙西成为风电装机容量最大的省级电网。10个省区风电装机容

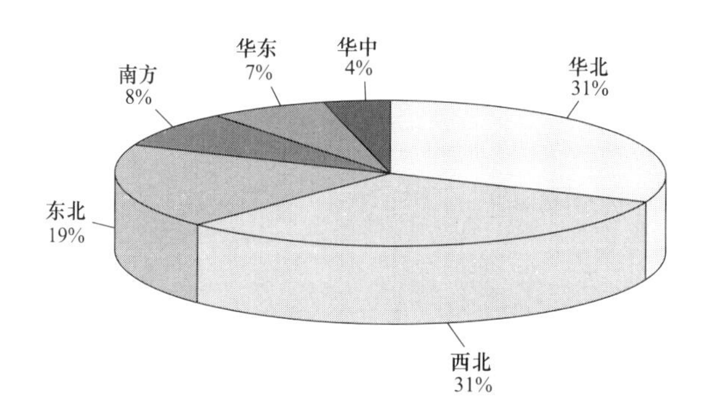

图 1-8　2015 年中国风电装机容量分区域分布

量超过 500 万 kW，合计占全国风电总装机容量的 76%。2015 年中国风电装机容量分省区分布如图 1-9 所示。

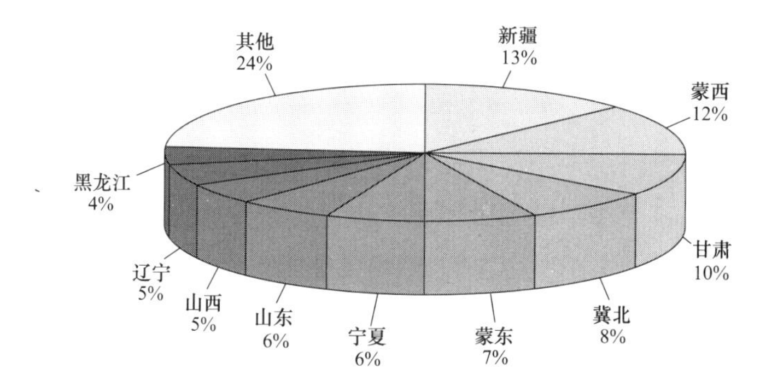

图 1-9　2015 年中国风电装机容量分省区分布

风电装机容量占比逐步提高，13 个省级电网风电成为第二大电源。截至 2015 年底，我国风电装机容量占电源总装机容量的比例达 8.5%，比 2014 年提高 1.5 个百分点；“十二五”期间，风电装机容量占总装机容量的比例增长 1.8 倍左右。13 个省级电网风电成为第二大电源。冀北、蒙东风电装机容量占当地电源总装机容量的比例超过 30%，甘肃、新疆、宁夏、蒙西风电装机容量占当地电源总装机容量比例超过 20%。风电是第二大电源的 13 个省区如表 1-1 所示。

表 1-1 风电是第二大电源的 13 个省区

省区	冀北	蒙东	甘肃	新疆	宁夏	蒙西	黑龙江	吉林	辽宁	山西	山东	上海	天津
风电装机容量（万 kW）	993	880	1252	1691	822	1545	503	444	639	669	721	61	29
风电占总装机容量的比例（%）	35	33	27	26	26	20	19	17	15	10	8	3	2

大型风电基地开发建设加速推进[1]。截至 2015 年底，全国核准在建大型风电基地共 9 个，集中在新疆、甘肃、蒙西、冀北等省区，合计核准容量为 2837 万 kW，已并网容量达 1935 万 kW。9 个基地包括酒泉基地一期、二期工程 680 万 kW，张北基地一期、二期工程 300 万 kW，承德基地一期 100 万 kW，承德基地二期 287 万 kW，巴彦淖尔乌拉特中旗基地 210 万 kW，包头达茂旗基地 160 万 kW，哈密东南部百万基地 200 万 kW，哈密二期风电基地 800 万 kW，甘肃武威民勤红沙岗基地 100 万 kW。其中，酒泉基地一期、张北基地一期、承德一期和哈密东南部风电基地已全部完成建设，具体如图 1-10所示。

风电基地规划规模持续增加。截至 2015 年底，全国获国家能源主管部门批复开展前期工作的大型风电基地共 8 个，主要集中在西北地区，合计规划容量为 3649 万 kW。其中，新疆、四川、甘肃、宁夏规划建设规模分别为 1200 万、1049 万、800 万、600 万 kW，具体如表 1-2 所示。

---

[1] 数据来源：风电基地规划建设数据来自水电水利规划设计总院。

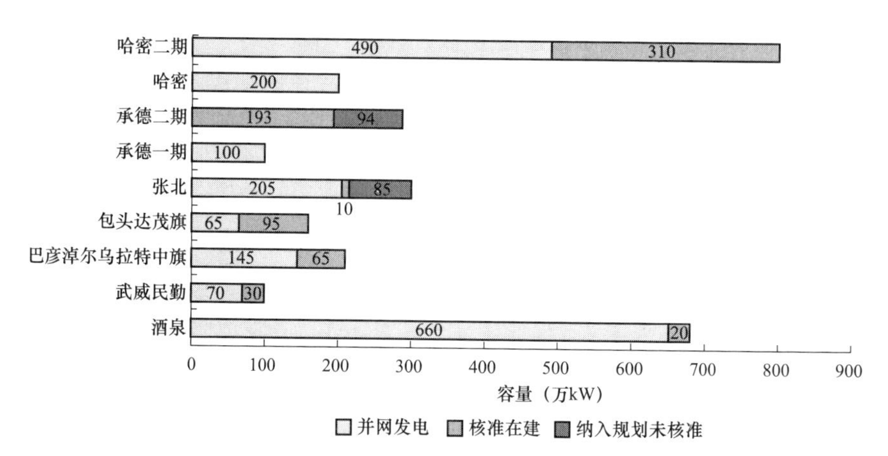

图 1-10 2015 年中国大型风电基地建设情况

表 1-2 已纳入规划风电基地规模

风电基地	规划规模（万 kW）
甘肃通渭风电基地	200
甘肃天祝松山滩风电基地	100
四川凉山州风电基地	1049
宁夏风电基地	600
新疆准东风电基地	520
锡林郭勒盟风电基地	规划研究阶段
新疆百里风区风电基地	680
酒泉风电基地二期（第二批）	500
合计	**3649**

1.1.2 海上风电

海上风电装机增长缓慢。2015 年，我国海上风电新增装机容量 16 万 kW，全部集中在上海和江苏，分别新增 10 万、6 万 kW，主要是上海东海大桥风电场二期和龙源如东试验风电场扩建项目。我国海上风电开发建设总体进展较为缓慢，主要原因在于：一是海上风电前置审批手续较复杂，涉及能源、海洋、海事、环保、军事等多个管理部门，目前仅苏北海上风电建设纳入全国海洋主体功能区规划，海域利用等问题沟通协调难度较大；二是海上风电建设成本仍然较高，在缺乏地方配套支持政策的条件下，项目的收益水平难以保证。根据国家能源局《关于海上风电项目进展有关情况的通报》（国能新能〔2015〕343号）数据显示，截至2015年7月底，纳入海上风电开发建设方案的项目仅建成投产2个，装机容量为6.1万kW，全部集中在江苏。《全国海上风电开发建设方案（2014—2016）》分省规划容量如图1-11所示。截至2015年底，我国海上风电项目累计装机容量达56万kW，全部集中在江苏和上海，分别为36万、20万kW。

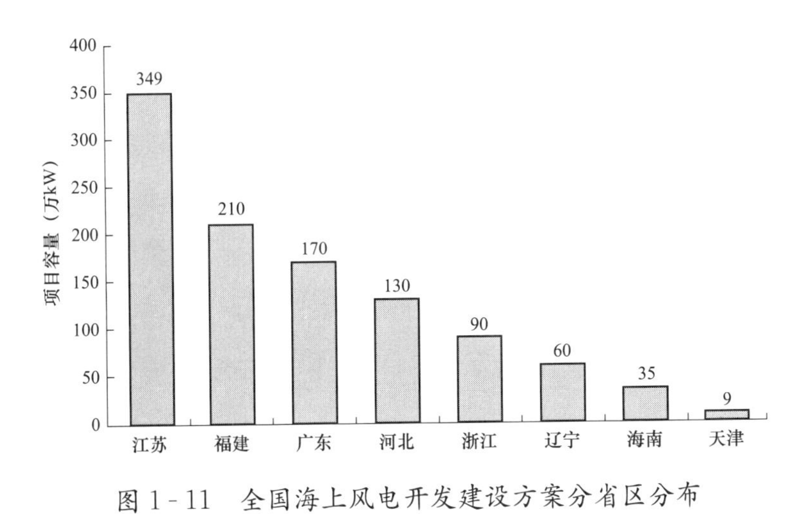

图1-11 全国海上风电开发建设方案分省区分布

1.2 太阳能发电[1]

中国太阳能发电经过了多年的探索和起步，从2009年开始进入快速发展时期，规模持续扩大。2015年，我国新增太阳能并网容量1513万kW，创历史新高；太阳能发电累计装机容量达到4319万kW，

[1] 数据来源：本报告中国太阳能发电数据来自水电水利规划设计总院。

同比增长 54%，其中光伏发电 4318 万 kW，光热发电 1 万 kW。“十二五”期间，我国太阳能发电实现跨越式增长，光伏发电装机容量年均增长 846 万 kW，新增装机容量连续三年居世界首位，累计装机容量超过德国成为世界第一；光热发电试验示范工程取得突破，建成我国第一座商业化运行塔式光热电站。

1.2.1 光伏发电

我国光伏发电新增装机容量创历史新高，西北地区光伏发电装机快速增长。2015 年，我国光伏发电新增装机容量 1513 万 kW，同比增长 43%。“十二五”期间，我国光伏发电年均新增装机容量 846 万 kW，约是“十一五”年均新增装机容量的 53 倍。2010—2015 年中国光伏发电新增装机容量如图 1-12 所示。其中，西北地区光伏发电装机容量快速增长，年新增装机容量 610 万 kW，同比增长 105%，占全国光伏发电新增装机容量的 40%；华北地区年新增装机容量 395 万 kW，占全国光伏发电新增装机容量的 26%。2015 年中国光伏发电新增装机容量地区分布如图 1-13 所示。

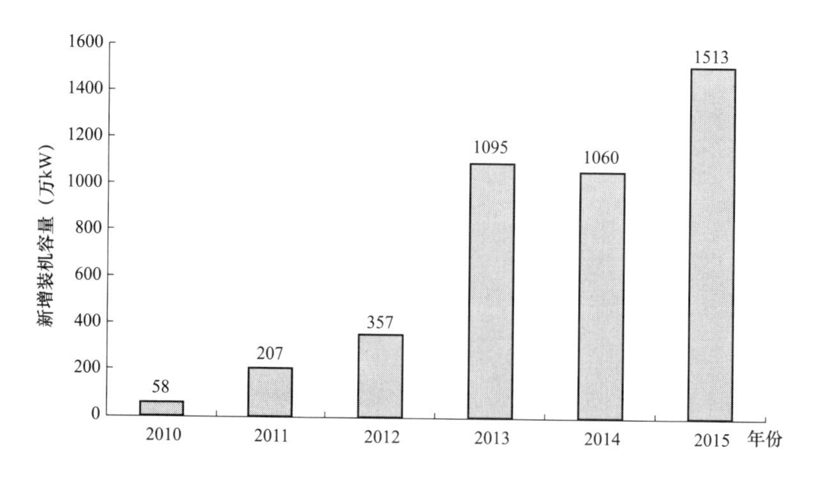

图 1-12 2010—2015 年中国光伏发电新增装机容量

光伏发电累计装机容量保持快速增长，装机容量成为全球第一。

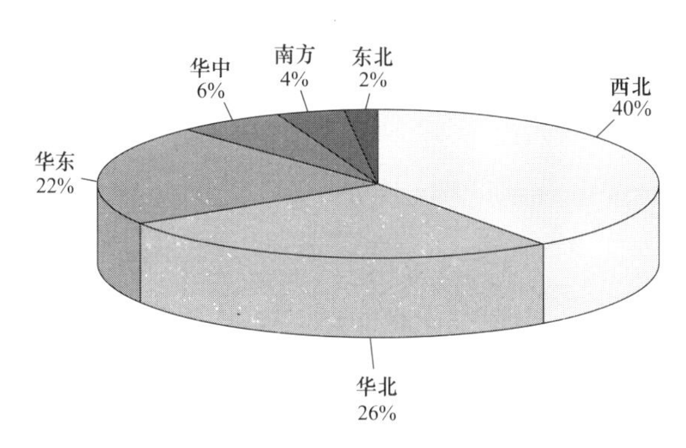

图 1-13 2015 年中国光伏发电新增装机容量地区分布

截至 2015 年底，我国光伏发电累计装机容量达到 4318 万 kW，同比增长 54%，光伏发电装机规模首次超过德国，居全球首位。其中，集中式光伏电站累计装机容量 3712 万 kW，占光伏装机容量的 86%；分布式光伏发电累计并网容量 606 万 kW，占光伏装机容量的 14%。“十二五”期间，我国光伏发电装机容量由 2010 年 86 万 kW 增长到 2015 年的 4318 万 kW，年均增长 119%。2010—2015 年中国光伏发电装机容量及增长率如图 1-14 所示。

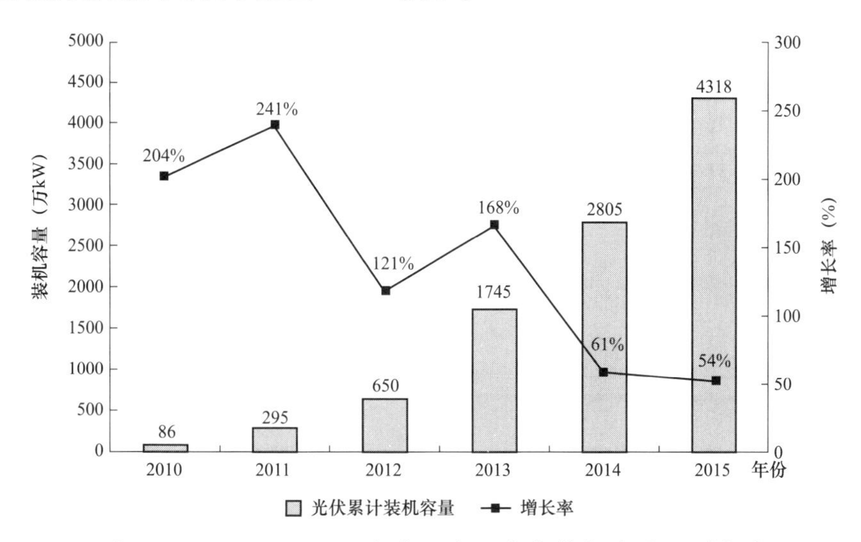

图 1-14 2010—2015 年中国光伏发电装机容量及增长率

受上网标杆电价调整预期影响，集中式光伏电站新增装机创新

高。2015年，国家发展改革委下调2016年度光伏发电上网标杆电价，发电企业项目开发建设进度加快。2015年，集中式光伏发电新增装机容量1374万kW，同比增加95%，创历史新高，主要集中在西北地区，新增601万kW，占全国新增装机容量的44%。分省区看，新疆集中式光伏新增336万kW，居全国首位；新疆、蒙西、青海、江苏、甘肃集中式光伏发电新增容量居全国前五位，合计新增742万kW，超过全国新增装机容量的一半。2015年中国集中式光伏电站新增装机容量地区分布如图1-15所示。

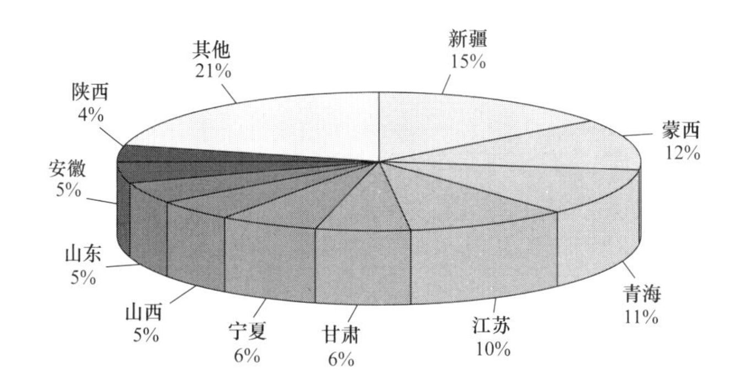

图1-15 2015年中国集中式光伏电站新增装机容量地区分布

集中式光伏电站装机主要集中在西北地区。截至2015年底，我国集中式光伏电站累计装机容量达到3712万kW，同比增长59%，主要集中在西北地区，累计装机容量达2167万kW，占全国集中式光伏总装机容量的58%。其中，甘肃、青海、新疆累计装机容量居全国前三位，分别达606万、564万、562万kW，合计占全国集中式光伏累计装机容量的47%，如图1-16所示。

国家实施"领跑者"计划，首个先进技术光伏示范基地建设启动。2015年6月，国家能源局会同工业和信息化部、国家认监委出台《关于促进先进光伏技术产品应用和产业升级的意见》（国能新能〔2015〕194号），提出提高光伏产品市场准入标准，实施"领跑者"

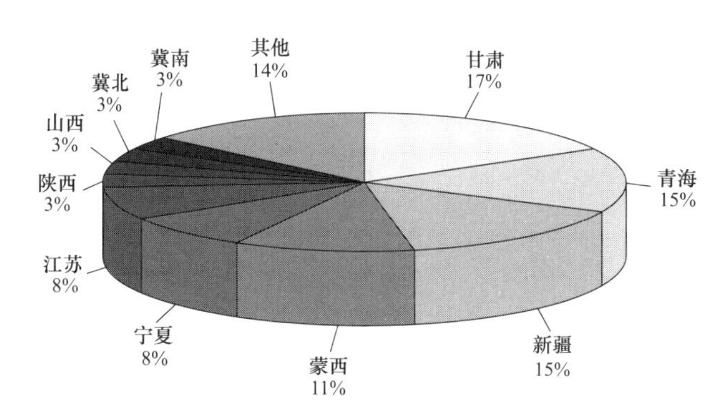

图 1-16 2015 年中国集中式光伏电站累计装机容量地区分布

计划。同月，国家能源局批复同意山西大同沉陷区建设我国首座国家先进技术光伏示范基地，2015 年规划建设规模 100 万 kW。其中包括 7 个“领跑者计划项目”，每个项目单体规模 10 万 kW；5 个“领跑者计划＋新技术、新模式示范项目”，单体规模为 5 万 kW；此外，还有一个 5 万 kW 的基地公共平台。

分布式光伏发电并网容量快速增长，主要集中在东部经济发达省区。2015 年，分布式光伏发电新增并网容量 139 万 kW，主要集中在东部地区，其中，浙江、江苏新增并网容量分别为 52 万、33 万 kW，合计占全国总新增并网容量的 62%，如图 1-17 所示。截至 2015 年

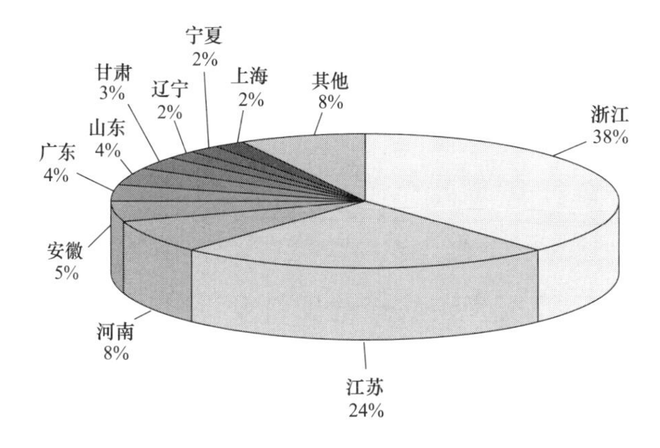

图 1-17 2015 年中国分布式光伏新增并网容量地区分布

底，我国分布式光伏并网户数超过 2 万户，累计并网容量达到 606 万 kW，同比增长 30%，其中，浙江、江苏、广东累计并网容量居全国前三位，分别达122 万、118 万、56 万 kW，如图 1-18 所示。

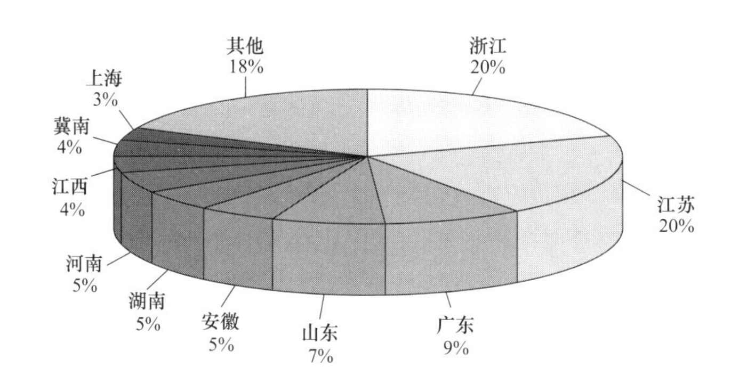

图 1-18 2015 年中国分布式光伏累计并网容量地区分布

各地方组织编制上报光伏扶贫实施方案，光伏扶贫工程全面展开。2014 年 10 月，国家能源局、国务院扶贫办印发《实施光伏扶贫工程工作方案的通知》（国能新能〔2014〕447 号），计划用 6 年时间，开展光伏发电产业扶贫工程。2015 年 12 月，国家能源局印发《关于加快贫困地区能源开发建设推进脱贫攻坚实施意见的通知》（国能规划〔2015〕452 号），提出在光照条件良好的 15 个省区 451 个贫困县的 3.57 万个贫困村开展光伏扶贫工作，到 2020 年完成 200 万户光伏扶贫项目建设。目前，各省能源局已上报光伏扶贫实施方案，等待国家能源主管部门批复。截至 2015 年底，国家电网经营区域具备并网条件的 3.77 万 kW 光伏扶贫项目全部及时并网，覆盖 300 余个村。

分布式光伏发电应用示范区建设进度缓慢，已并网项目主要集中在浙江。2014 年 11 月，国家能源局印发《关于推进分布式光伏发电应用示范区建设的通知》（国能新能〔2014〕512号），增加嘉兴光伏高新区等12个园区，共开展30个分布式光伏发电应用示范区建设，2015年规划建成容量335万kW，其中27个在国家电网公司经营区域内，规划容量308万kW。截至2015年底，国家电网公司经营区域受理接入申请约87万kW，其中本体未建成项目0.2万kW，正在并网调试11.5万kW，已完成并网75万kW。并网规模较大的示范区为浙江海宁经济开发区、浙江平湖经济技术开发区、浙江嘉兴光伏高新区和安徽合肥高新区，分别为26.5万、7.3万、6.1万、4.4万kW，各示范区建设进展情况见表1-3。

表1-3 国家电网经营区分布式光伏发电应用示范区建设情况 万kW

省份	示范区名称	2015年规划规模	提出并网申请规模	并网规模
北京	海淀区中关村海淀园	18	0	0
	顺义开发区	20	0	0
天津	武清开发区	10	1	2
河北	保定英利新技术开发区	6	0	0
	高碑店开发区	15	1	1
山东	泰安高新区	5	5	0
	淄博高新区	5	1	1
上海	松江工业园区	5	1	0
江苏	南通经济技术开发区	15	7	4
	无锡高新区	5	2	2
	盐城经济技术开发区	12	0	0
	镇江经济开发区	17	3	3

续表

省份	示范区名称	2015年规划规模	提出并网申请规模	并网规模
浙江	海宁经济开发区	20	20	26
	海盐经济开发区	12	3	2
	杭州大江东产业集聚区	11	4	2
	杭州桐庐经济开发区	5	2	1
	杭州余杭经济技术开发区	15	2	2
	嘉兴光伏高新区	10	5	6
	宁波杭州湾新区	15	2	1
	平湖经济技术开发区	10	7	7
	绍兴滨海产业集聚区	15	6	4
	吴兴工业园区	12	2	1
安徽	合肥高新区	10	6	4
	芜湖经济技术开发区	13	5	3
河南	洛阳市宜阳县产业集聚区	10	1	0
江西	上饶经济技术开发区	10	0	0
	新余高新区	7	2	2
总计		308	87	75

1.2.2 光热发电

中国光热发电尚处于商业化应用前期阶段。截至2015年底，中国已建成实验示范性光热电站6座，合计装机容量1.38万kW，分省区分布如图1-19所示，其中已建成并网商业化运行太阳能光热电站1座，为青海中控太阳能发电有限公司德令哈50MW光热发电项目一期10MW工程，装机容量1万kW。国家已备案（核准）在建的太阳能光热发电站20座，装机规模126.4万kW；开展前期工作的太阳能光热发电站13座，装机规模60.1万kW。

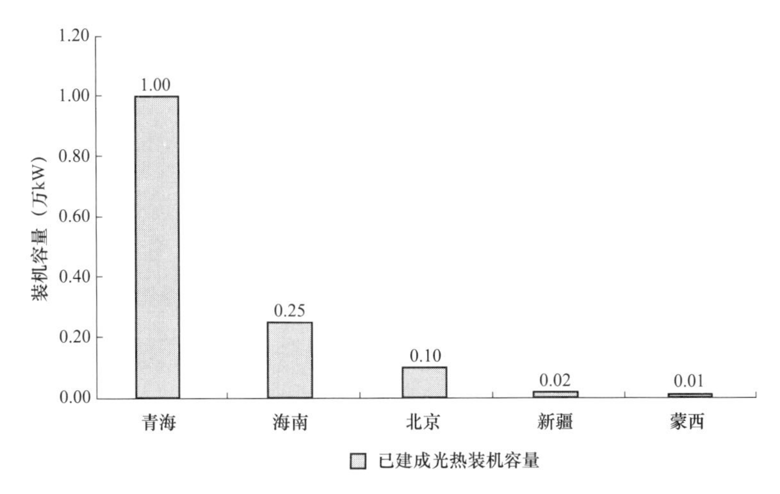

图 1-19 2015 年中国光热装机容量分省区分布

国家能源局组织太阳能热发电示范项目建设申报。2015 年 9 月，国家能源局印发《关于组织太阳能热发电示范项目建设的通知》（国能新能〔2015〕355 号），为推动我国太阳能热发电技术产业化发展，决定组织一批太阳能热发电示范项目建设。一是扩大太阳能热发电产业规模。通过示范项目建设，形成国内光热设备制造产业链，支持的示范项目应达到商业应用规模，单机容量不低于 5 万 kW。二是培育系统集成商。通过示范项目建设，培育若干具备全面工程建设能力的系统集成商，以适应后续太阳能热发电发展的需要。此次共申报示范项目 109 个，总装机容量约 883 万 kW。其中，槽式项目 60 个，总装机容量 444 万 kW，占总申报容量的 50%；塔式项目 36 个，总装机容量 333 万 kW，占总申报容量的 38%；其余为蝶式和菲涅尔式项目。

1.3 其他新能源发电

其他新能源发电主要包括生物质发电、地热发电和海洋能发电。截至 2015 年底，中国生物质发电平稳增长；地热发电和海洋能发电进展缓慢，处于试验示范阶段。

1.3.1 生物质发电[1]

生物质发电装机规模平稳增长。生物质发电行业的区域分布特征比较明显，一方面是资源因素导致，另一方面是生物质本身的生产特性导致。农作物资源丰富的地区建设秸秆直燃发电项目规模效益高，有利于降低成本；而东部发达地区城市垃圾产生较多，相应的垃圾焚烧厂比较集中。2015 年，我国生物质发电新增装机容量 155 万 kW，主要集中在华北和华东，分别新增 67 万、43 万 kW，合计占全国生物质发电总新增装机容量的 71%。截至 2015 年底，我国生物质发电累计装机容量 1060 万 kW，同比增长 17%，主要集中在“三华”地区，华东、华北、华中并网容量分别为 339 万、271 万、204 万 kW，合计占全国生物质发电总装机容量的 77%，如图 1-20 所示。

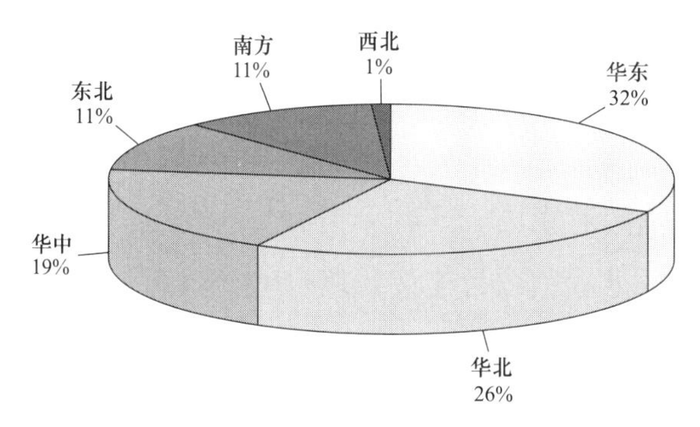

图 1-20 2015 年中国生物质发电装机容量分地区分布

生物质发电装机主要集中在东部省区。截至 2015 年底，山东、江苏生物质发电装机容量超过百万千瓦。其中，山东生物质发电装机容量 153 万 kW，居全国首位，占全国生物质发电总装机容量的 14%。山东、江苏、浙江、安徽、黑龙江、湖北、广东等 7 个省区生

---

[1] 数据来源：本报告中国生物质发电数据来自水电水利规划设计总院。

物质发电装机容量超过 50 万 kW，合计占全国生物质发电总装机容量的 60%。2015 年中国生物质发电装机容量分省份分布如图 1-21 所示。

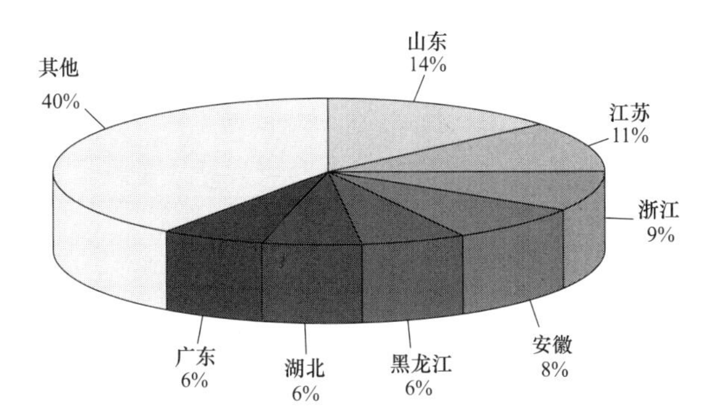

图 1-21 2015 年中国生物质能发电装机容量分省份分布

1.3.2 地热发电

中国地热发电发展缓慢。中国深层地热资源开发及利用技术与国际水平有很大差距，用于深层地热能利用的增强地热系统的成套技术仍待开发。2015 年，我国无新增并网地热电站，目前装机规模最大的地热发电项目是西藏羊八井电站，装机容量 2.6 万 kW；西藏羊易规划建设 3.2 万 kW 地热电站，已建成并网容量 0.1 万 kW。2015 年，西藏羊八井地热电厂和羊易地热电厂累计发电量 1.13 亿 kW·h，同比下降 17%；年累计设备利用小时数达 4173h，同比下降 835h。

"十三五"期间地热发电将加速发展。"十二五"期间，国土资源部通过对各省（区、市）地热资源分布和开发利用现状的调查，开展各省地热资源评价及开发利用潜力分析，查明全国地热资源现状，完成了地热资源科学开发利用规划，在高温地热资源勘查方面取得重大进展，在盆地型干热岩资源勘查方面取得重大突破，积极为"十三五"及今后的地热发电大发展奠定了资源基础。"十三五"期间，我国将大力推进地热能技术进步，积极培育地热能开发利用市场，提高地热能利用的市场竞争力。预计到2020年，我国将基本查清全国地热能资源情况和分布特点，地热能开发利用量达到5000万t标准煤，形成完善的地热能开发利用技术和产业体系；在西藏、四川西部等高温地热资源分布地区，推进若干万千瓦级高温地热发电项目，在东部沿海及油田等中低温地热资源富集地区，因地制宜发展中小型分布式中低温地热发电项目。

1.3.3 海洋能发电

海洋能开发利用处于试验示范为主阶段。与发达国家相比，我国海洋能开发利用在技术上虽然具备了一定的研究基础，但目前技术积累明显不足，距离产业化发展还需较长的一段时间。目前，中国共有潮汐发电站9座，总装机容量6500kW，独立研建了装机容量为3900kW的我国第一座潮汐能双向发电站——江厦潮汐试验电站；先后建设了70kW漂浮式、40kW坐底式两座垂直轴的潮流实验电站和100kW振荡水柱式、30kW摆式波浪能发电试验电站等试验示范项目。

1.4 新能源配套电网工程建设

2015年新增投运河北张家口“三站四线”500kV输变电工程、吉林通榆风电送出工程等一批省内配套电网工程；开工建设酒泉—湖南和列入《国家大气污染防治行动计划》的“四交四直”特高压输电工程，为新能源大规模开发和高效利用提供支撑。“十二五”国家电网公司累计投资新能源并网及送出工程849亿元，新增新能源并网及送出线路3.7万km，其中风电3.4万km，太阳能发电3044km。

加快省内电网建设，缓解局部地区新能源送出受阻问题。建成康保、尚义500kV变电站和张北500kV开关站，以及康保—张北、尚义—张北500kV单回线路、张北—张南500kV双回线路，张家口风电送出能力由210万kW提高到390万kW，如图1-22所示。2015

年张家口地区累计增发风电电量 10.3 亿 kW•h，占张家口地区风电年发电量的 9%。

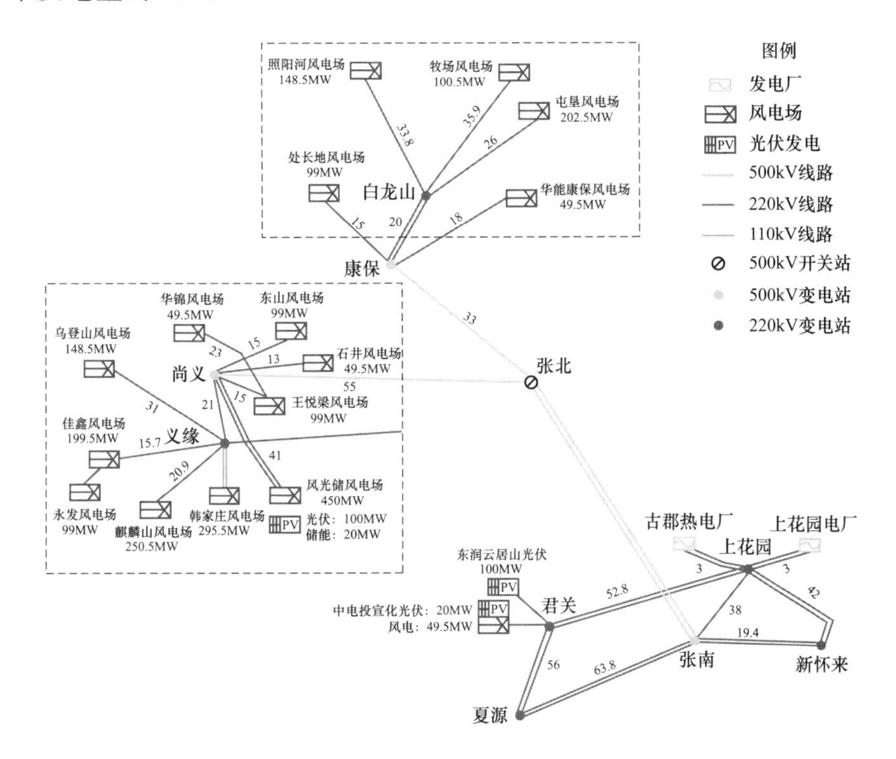

图 1-22 张家口“三站四线”输变电工程

完成吉林通榆 500kV 梨树变电站扩建，建成通榆—梨树 500kV 线路，线路长度 201km，可以满足通榆 230 万 kW 风电送出需要，如图 1-23 所示。同时，吉林电网首套 500kV 串联补偿装置同步投运，满足未来风电上网需求。

江苏、上海、福建等省区建成多项海上风电配套接入送出工程。建成东海大桥海上风电场二期（扩建）工程升压站至临港变电站 110kV 电缆线路，总长度 8.4km，满足了 10.2 万 kW 海上风电的接入需要，如图 1-24 所示；建成中广核如东海上风电配套 220kV 送出工程，总长度 14.7km，满足了 15 万 kW 海上风电的接入；建成福建

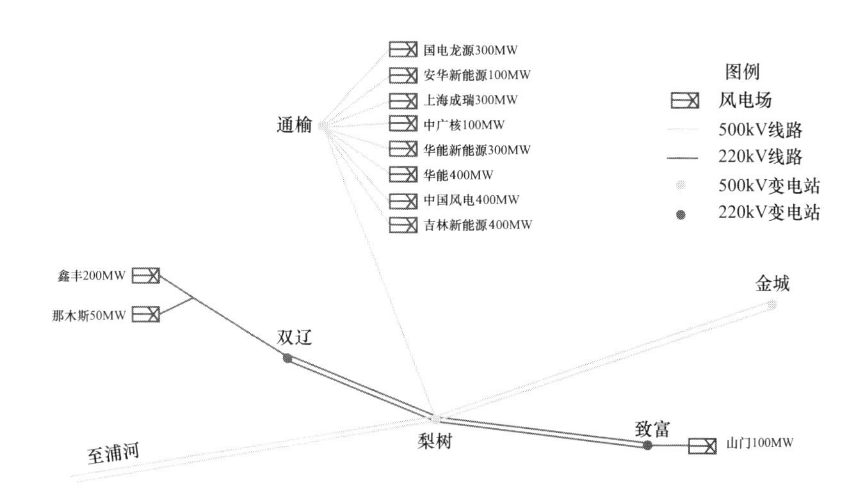

图 1-23 吉林通榆 500kV 输变电工程

莆田平海湾海上风电项目 110kV 送出线路工程，总长度 1.5km，接入海上风电 5 万 kW。

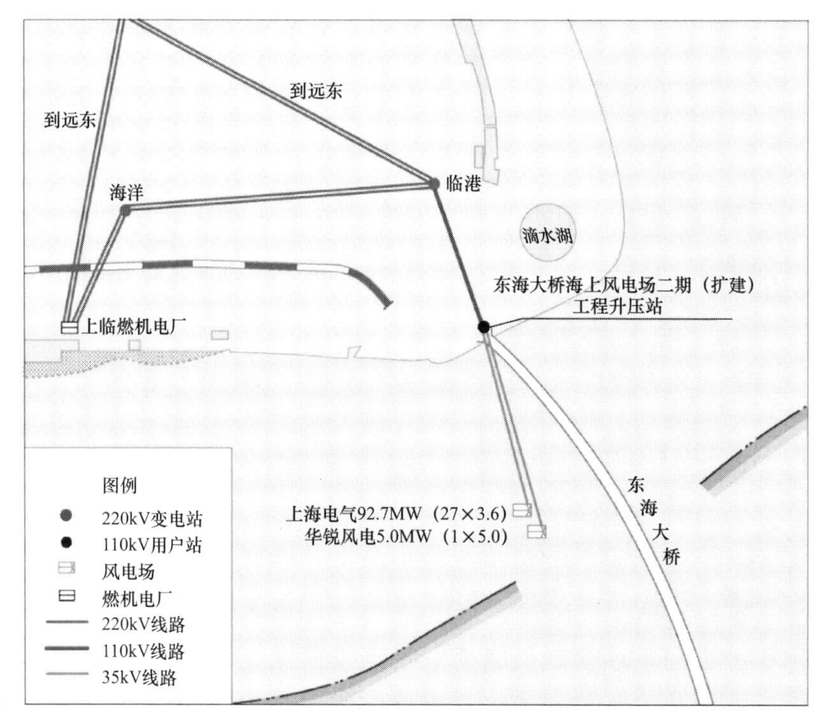

图 1-24 上海东海大桥风电场二期接入系统工程

加快跨区输电工程建设，扩大新能源消纳范围。2015年，推进锡盟—山东特高压交流工程、宁东—浙江特高压直流工程建设；开工建设蒙西—天津南特高压交流工程，酒泉—湖南、锡盟—江苏、上海庙—山东特高压直流工程等4项跨省跨区输电工程，线路总长度5849km，预计输送能力3600万kW。

2015年1月，蒙西—天津南±1000kV特高压交流输电工程核准批复，3月开工建设。项目规划全线双回路架设，线路长度608km，工程投资175亿元，计划于2016年底建成投运。工程建成后将促进蒙西与山西能源基地开发与外送，扩大风电消纳范围，有效缓解京津冀地区电力供需矛盾。

2015年5月，酒泉—湖南±800kV特高压直流输电工程核准批复，6月开工建设。项目规划线路长度2445km，配套风电700万kW、光伏发电280万kW，预计2017年投产，工程建成后将为甘肃酒泉地区新能源消纳创造条件。

2015年10月，锡盟—江苏±800kV特高压直流输电工程核准批复，12月开工建设。项目规划线路长度1620km，设计输送容量1000万kW，预计于2017年建成投运，将为蒙西新能源在华东电网消纳发挥重要作用。

2015年12月，上海庙—山东±800kV特高压直流输电工程核准批复，同月即开工建设。项目规划线路长度1238km，设计输送容量1000万kW，预计于2017年建成投运，将进一步提升蒙西新能源外送华北电网能力。

2 新能源发电运行消纳情况

近年来，我国新能源持续快速发展，发电量逐年大幅增长，新能源发电量占总发电量的比例逐年上升。2015 年，我国新能源发电量达 2790 亿 kW·h，约占全国总发电量的 5.0%，超过北京和上海全年用电量之和。但是，随着新能源大规模开发，新能源发电运行消纳矛盾也日益突出，2016 年以来，弃风弃光情况更加严重，引起社会各界广泛关注。

2.1 风电

2.1.1 运行及利用情况

风电发电量增速放缓。2015 年，我国风电发电量 1851 亿 kW·h，同比增长 16%，约占全国总发电量的 3.3%；“十二五”期间，风电发电量年均增长 30%，如图 2-1 所示。分区域看，华北、东北和西北地区风电发电量分别为 662 亿、388 亿、388 亿 kW·h，合计占全国风电发电量的 78%，如图 2-2 所示。分省份看，2015 年风电发电量最多的五个省（区）依次为蒙西、冀北、新疆、蒙东和甘肃，风电发电量分别为 264 亿、163 亿、148 亿、144 亿、127 亿 kW·h。

风电利用小时数呈下降趋势。2015 年，全国风电利用小时数 1728h，同比下降 172h，如图 2-3 所示，“十二五”期间，全国风电年均利用小时数 1891h。其中，华北、东北、西北地区风电累计利用小时数分别为 1738、1647、1445h，同比分别下降 118、67、418h，

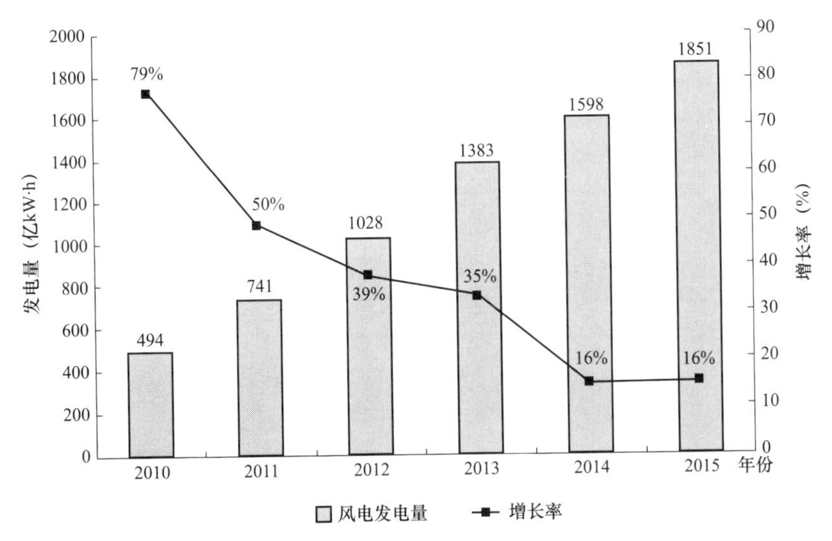

图 2-1 2010—2015 年中国风电发电量及增长率

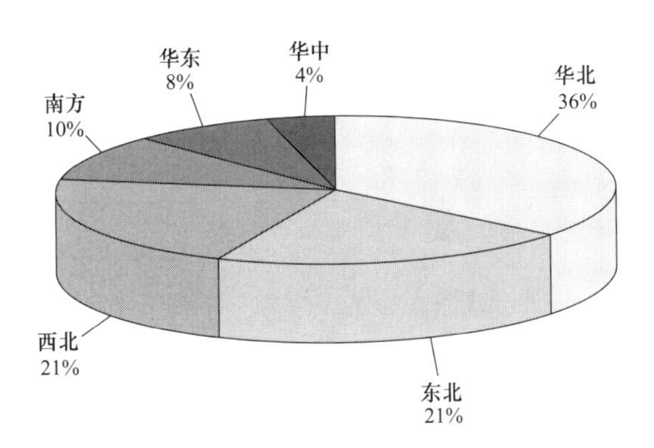

图 2-2 2015 年风电发电量分地区分布

2015 年全国主要省区风电利用小时数如图 2-4 所示。海上风电利用小时数高于陆上风电。2015 年，我国海上风电累计发电量 10.4 亿 kW•h，仅占风电总发电量的 0.6%；年累计利用小时数 2268h，远高于陆上风电利用小时数。

风电发电量占比持续提升。2015 年，我国风电发电量占总发电量比例达 3.3%，同比增加 0.4 个百分点，“十二五”期间，风电发电量占总发电量比例由 2010 年的 1.2%增加到 2015 年的 3.3%，增

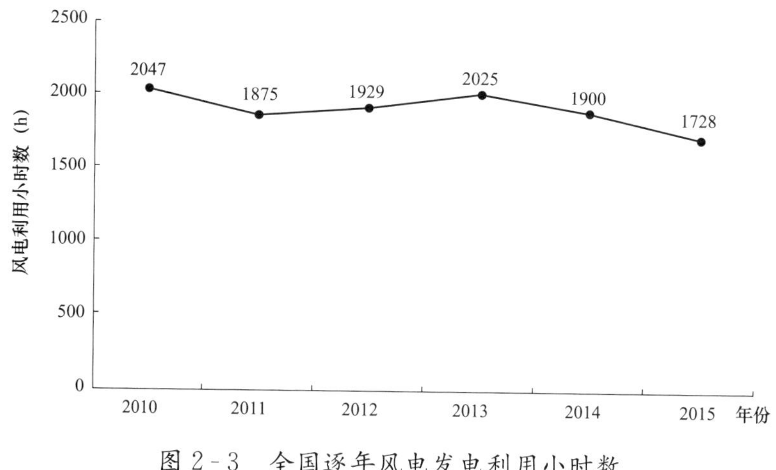

图 2-3 全国逐年风电发电利用小时数

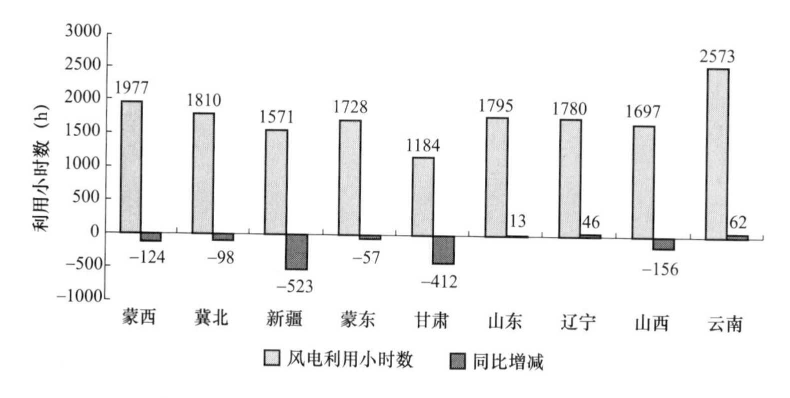

图 2-4 2015 年主要省区风电利用小时数

长约 1.8 倍。风电发电量占总发电量比例最高的三个电网依次为冀北、蒙东、甘肃，占比分别为 17.2%、16.3%、10.3%，达到较高水平。2015 年全国及主要省（区）风电发电量占总发电量比例如图 2-5 所示。2015 年，冀北、蒙西、蒙东、吉林、甘肃、新疆等地区风电发电量占发电总量比例的最大值、风电瞬时出力占发电比例最大值等运行指标持续上升；其中，蒙东风电发电量占总发电总量比例达 16%，风电瞬时出力占发电比例最大值达 45%，接近国际先进水平，见表 2-1。

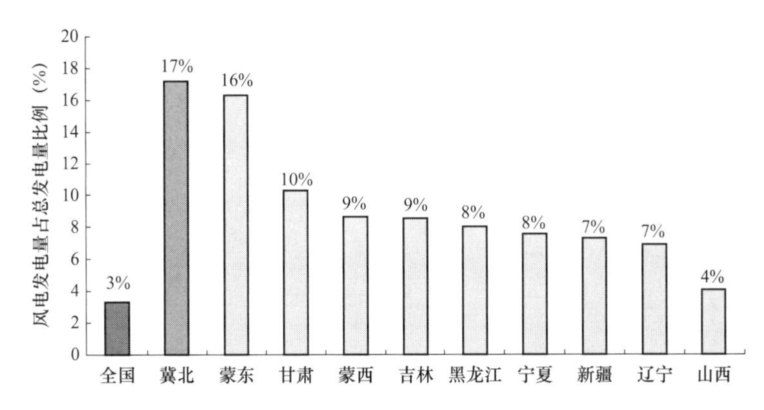

图 2-5 2015 年全国及主要省（区）风电发电量占总发电量比例

表 2-1 2015 年重点地区与部分国家风电运行指标对比 %

地区	风电出力占发电比例最大值	风电发电量占总发电量比例
冀北	34.6	17.2
蒙西	28.4	8.7
蒙东	45.0	16.3
吉林	36.6	8.6
甘肃	31.9	10.3
新疆	21.6	7.3
丹麦	91.6	51.0

2.1.2 弃风电量分布特性

弃风电量创新高。2015 年全国因弃风限电造成的损失电量为 339 亿 kW·h，弃风率 15.5%。8 个省级电网弃风率超过 10%，甘肃、新疆、吉林弃风率超过 30%，分别达 39%、33%、31%。“十二五”期间，弃风限电虽然在 2013—2014 年有所下降，但整体呈上升趋势，如图 2-6 所示。

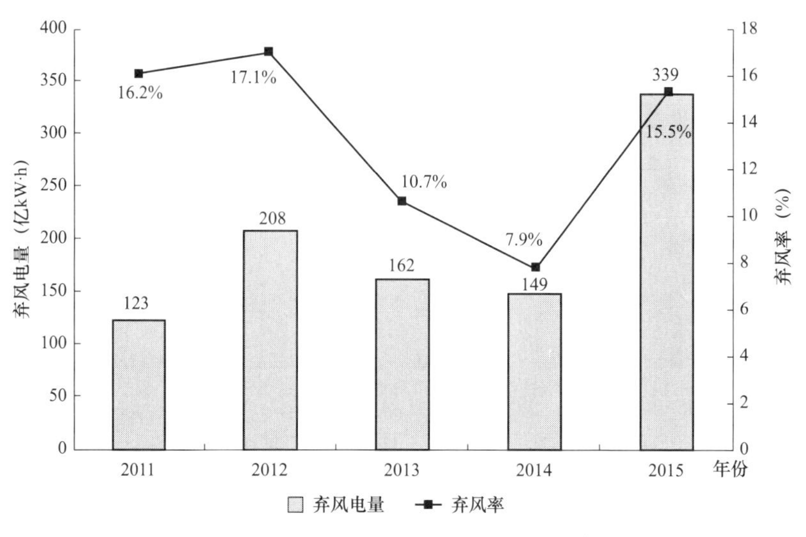

图 2-6 2011—2015 年全国弃风情况

从地域分布看，弃风电量主要集中在“三北”地区。全国 99%的弃风集中在“三北”地区，其中，西北地区弃风电量 166 亿 kW•h，占全国总弃风电量的 49%；华北、东北弃风电量分别为 96 亿、74 亿 kW•h，分别占全国总弃风电量的 28%、22%，西北、华北、东北地区弃风率分别为 29.9%、12.7%、16.0%。分省份看，全国共 15 个省（区）发生弃风，其中，67%的弃风分布在甘肃、蒙西、新疆三省（区），如图 2-7 所示。

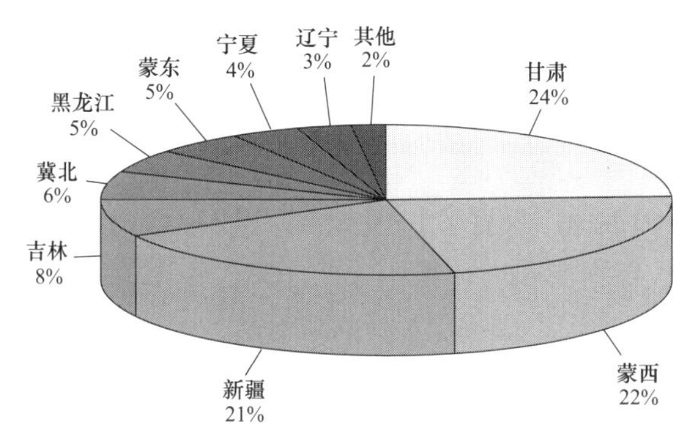

图 2-7 2015 年全国弃风电量分省分布

从时段分布看，弃风主要集中在供暖期和后夜低谷时段。2013—2015年，约7成的弃风出现在供暖期（10月至次年4月），特别是在华北和东北地区，80%以上的弃风出现在供暖期，如图2-8所示。在供暖期弃风电量中，低谷时段弃风又占供暖期总弃风的80%，如图2-9所示。

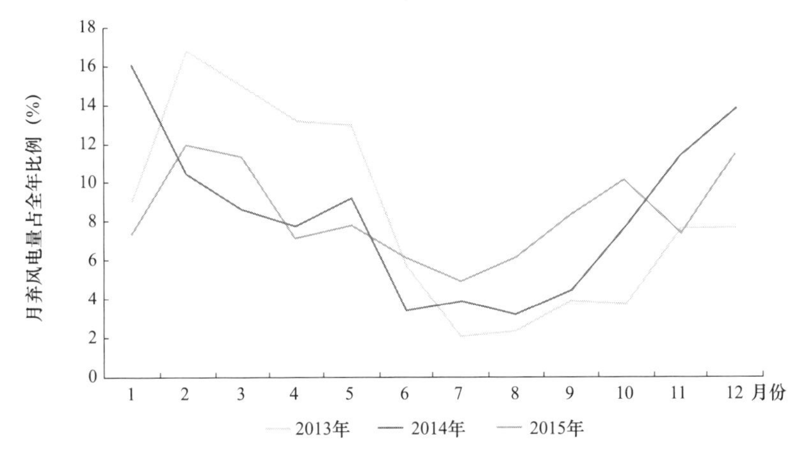

图2-8 2013—2015年国家电网经营区弃风电量逐月分布

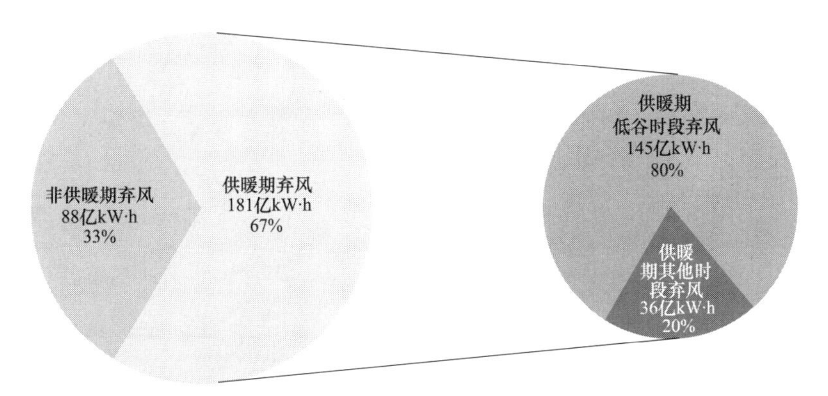

图2-9 2015年弃风电量在供暖期与非供暖期的分布

华北和东北地区逐月弃风分布特性趋同，主要集中在冬春两季。2013—2015年，华北和东北地区80%以上的弃风出现在供暖期，特别是华北地区，弃风主要集中在春节负荷低谷时段，如图2-10

所示。从重点省区看，冀北在“三站四线”工程投运后，线路送出受限情况得到有效缓解，在春夏负荷高峰时段，基本不弃风；吉林弃风主要集中在冬春季，在夏秋季仅存在少量弃风，如图2-11所示。

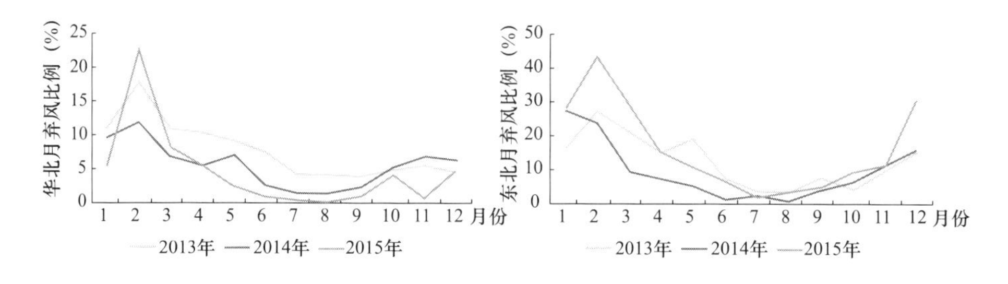

图 2-10　2013—2015 年华北、东北逐月弃风率

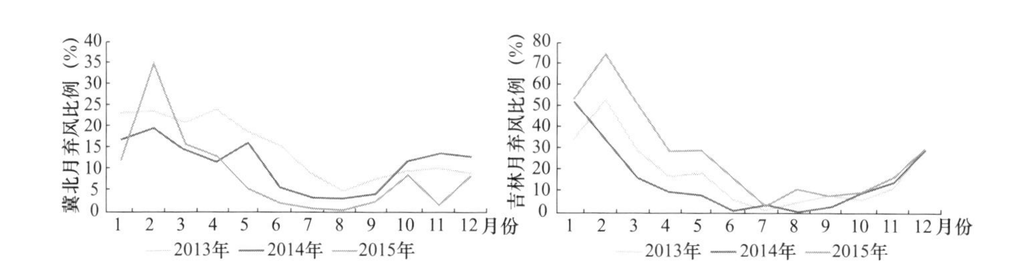

图 2-11　2013—2015 年冀北、吉林逐月弃风率

西北地区弃风大幅攀升，逐月弃风分布受外部环境影响波动较大。2015 年以来，西北地区受整体装机大幅增长、用电需求增速放缓等因素影响，月弃风率同比大幅上升，如图 2-12 所示。甘肃、新疆地区弃风率呈逐月上升趋势，如图 2-13 所示。

2.1.3 重点地区风电消纳分析

（一）甘肃

截至 2015 年底，甘肃电网风电装机容量 1252 万 kW，同比增长 24%，占本地区电力总装机容量的 27%，是省内第二大电源，甘肃

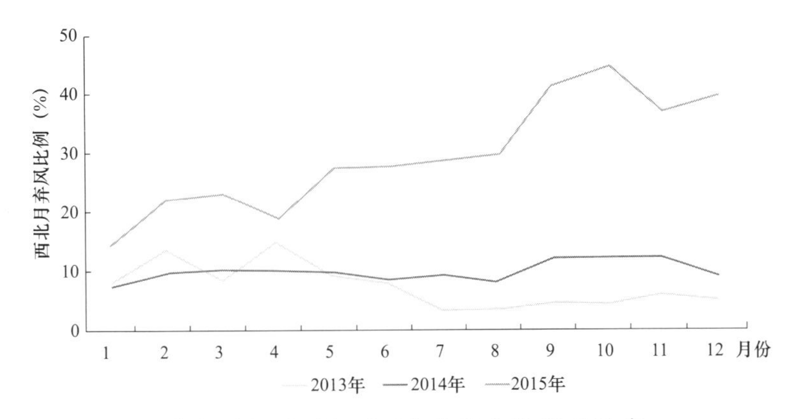

图 2-12　2013—2015 年西北逐月弃风率

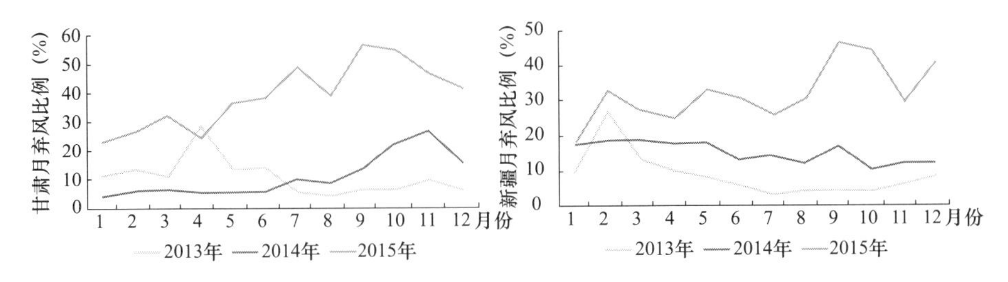

图 2-13　2013—2015 年甘肃、新疆逐月弃风率

电网电源结构如图 2-14 所示；累计发电量 126.7 亿 kW·h，同比增加 10%；累计发电利用小时数 1184h，同比下降 411h。2015 年，甘肃风电累计弃风电量 81.94 亿 kW·h，弃风电量居全国首位，同比增长 488%，弃风率 39.27%，同比增加 28.45 个百分点。

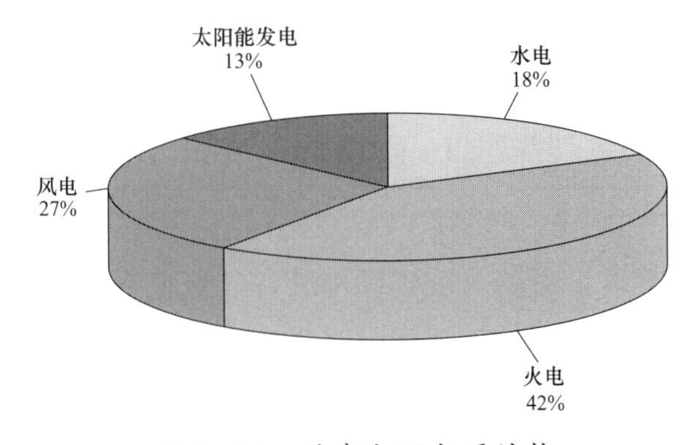

图 2-14　甘肃电网电源结构

甘肃风电消纳矛盾加剧的主要原因如下：

一是各类电源快速发展，装机整体严重过剩。“十二五”期间，甘肃包括风电在内的各类电源装机快速增长，电源总装机容量增长116%，比同期用电负荷增长高出92个百分点；截至2015年底，电源装机容量4643万kW，最大用电负荷1303万kW，电源装机容量是最大负荷的3.6倍，新能源装机容量是最大用电负荷的1.4倍，如图2-15所示。

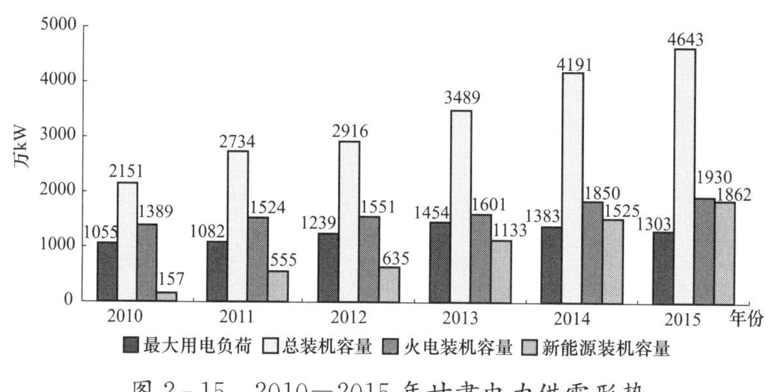

图2-15 2010—2015年甘肃电力供需形势

二是新能源与电网规划不匹配，跨省跨区输送能力不足。甘肃新能源装机大多集中在河西地区，虽然通过加强750kV交流通道输变电容量，敦煌—酒泉—河西—武胜750kV各断面输电能力已提升至420万kW，但截至2015年底，甘肃河西地区新能源装机容量已超过1600万kW，远远超出电网输送极限。此外，酒泉—湖南特高压直流工程2015年5月才核准建设，预计2017年投产，外送通道建设滞后2～3年。

三是新能源跨省跨区消纳机制不完善。长期以来我国电力分省平衡，若无特殊政策规定外送消纳市场，发电电量以本省消纳为主。目前甘肃装机规模已远超本省消纳能力，必须通过外送解决消纳问题，但在当前各地产能普遍过剩、用电需求不足的情况下，各省消纳甘肃新能源电力的意愿普遍不强。

（二）新疆

截至2015年底，新疆电网风电装机容量1691万kW，同比增长110%，占本地区电力总装机容量的26%，新疆电网电源结构见图2-16；累计发电量147.61亿kW·h，同比增长8%；累计发电利用小时数1571h，同比下降523h。2015年，新疆风电累计弃风电量71.12亿kW·h，同比增长199%，弃风率32.52%，同比增加17.64个百分点。

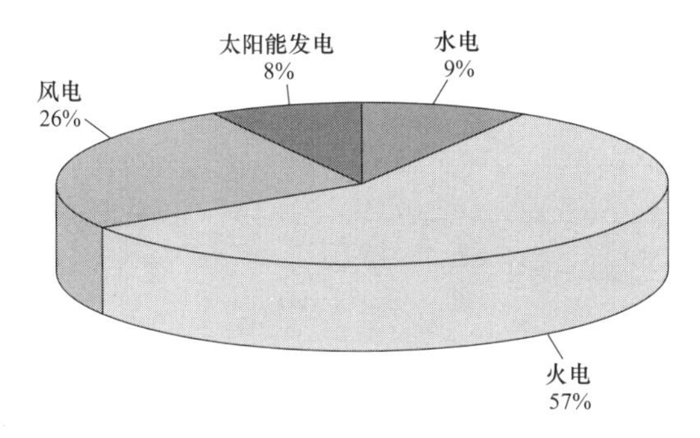

图2-16 新疆电网电源结构

新疆风电消纳矛盾急剧恶化的主要原因如下：

一是各类电源快速发展，负荷增长趋缓。“十二五”期间，新疆电力装机容量呈现高速增长，2010—2015年增长4倍；2014年以来，用电负荷增速明显放缓，由2013年的31%下降到2015年的11%，电源装机容量已是最大用电负荷的2.9倍，如图2-17所示。

二是自备电厂占比高，影响系统调峰。“十二五”期间，新疆自备电厂装机容量快速增长，截至2015年底，新疆自备电厂装机容量1629万kW，占总装机容量的25%，占火电装机容量的44%。2015年全年累计发电量849亿kW·h，已超过公用火电机组发电量，如图2-18所示。累计发电利用小时数5372h，远高于公用火电厂利用小时数（4178h）。

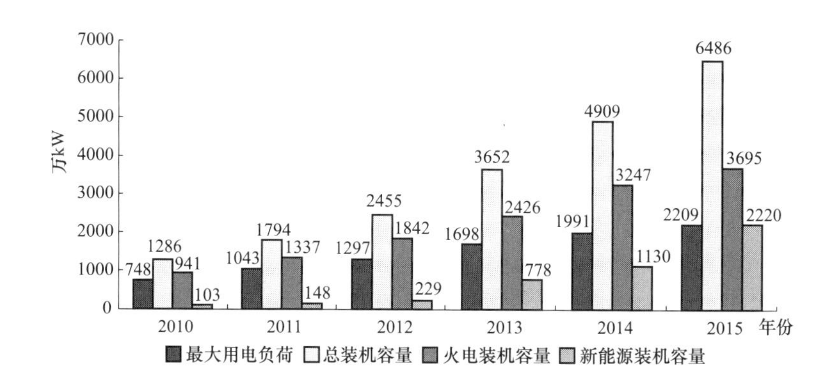

图 2-17　2010—2015 年新疆电力供需形势

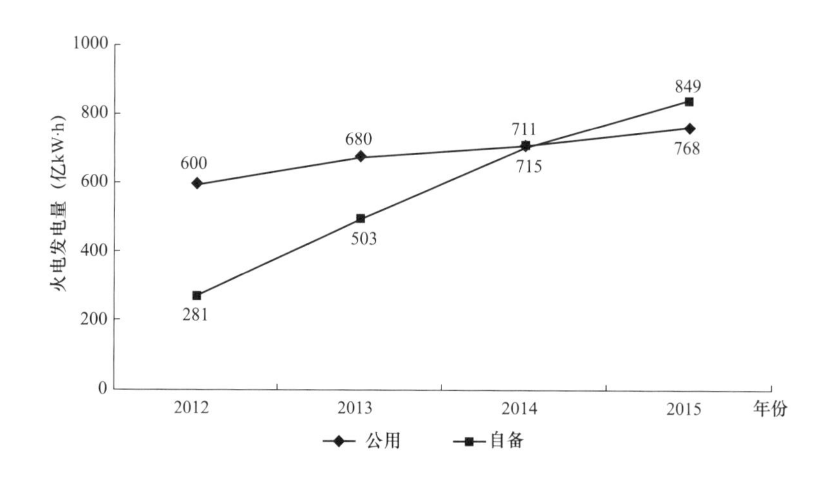

图 2-18　2012—2015 年新疆公用和自备火电发电量

（三）吉林

截至 2015 年底，吉林电网风电装机容量 444 万 kW，同比增长 9%，占本地区电力总装机容量的 17%，吉林电网电源结构见图 2-19；累计发电量 60.28 亿 kW·h，同比增加 3%；累计发电利用小时数 1430h，同比下降 71h。2015 年，吉林风电累计弃风电量 27.25 亿 kW·h，同比增长 157%，弃风率 31.13%，同比增加 15.77 个百分点。

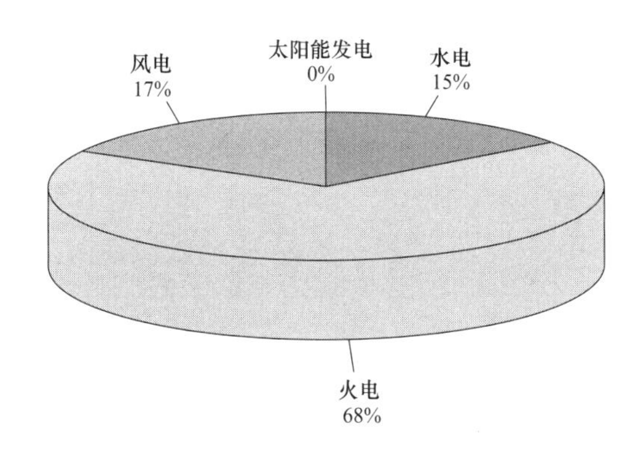

图 2-19 吉林电网电源结构

吉林弃风主要集中在冬季，供热运行约束是弃风的主要原因。供热机组供热期调峰能力仅为15%～25%，远低于常规燃煤机组50%的水平。“十一五”以来，在推动集中供热、提升系统能效、加强环境保护等多种政策的引导下，新增火电机组以热电联产机组为主，并通过改造使大量现役纯凝火电机组转变为供热机组，造成供热机组装机快速增长。截至2015年底，吉林供热机组装机容量1314万kW，占全部火电装机容量的74%，供热中期核定最小技术出力730万kW。在春节等负荷低谷时段，供热最小技术出力已经超过最低用电负荷，风电被迫全停，见图2-20。为保证电力实施平衡，在征得政府有关部门同意后，将双辽、浑江、珲春、白城4个供热电厂转为单机供热。

（四）冀北

截至2015年底，冀北电网风电装机容量993万kW，同比增长12%，占本地区电力总装机容量的35%，冀北电网电源结构见图2-21；累计发电量162.92亿kW·h，同比增长9%；累计发电利用小时数1810h，同比下降98h。2015年，冀北风电累计弃风电量18.90亿kW·h，同比减少12%，弃风率10.40%，同比下降2.22个百分点。

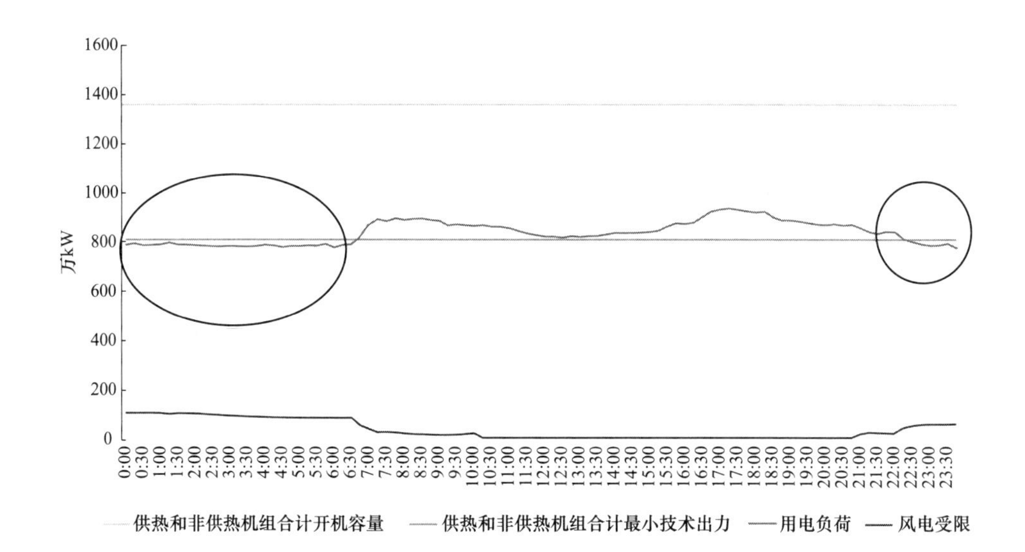

图 2-20 2015 年 1 月 1 日吉林电网运行情况

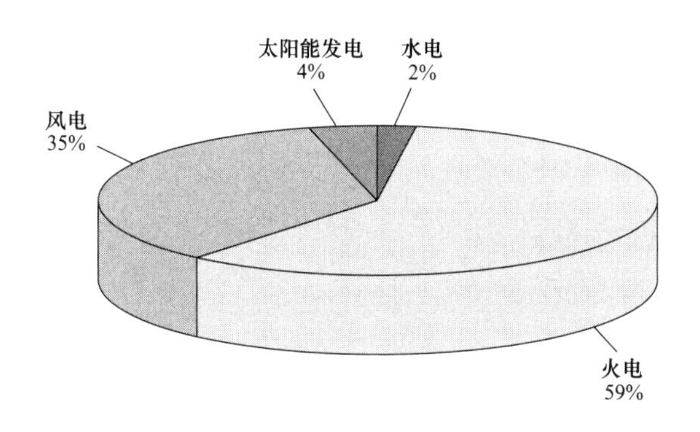

图 2-21 冀北电网电源结构

冀北地区风电消纳状况改善的主要原因是建成张家口“三站四线”工程缓解风电外送限制。2015 年 4 月，张家口“三站四线”输变电工程建成投运，张家口风电送出能力由 210 万 kW 提高到 390 万 kW。2015 年，张家口地区累计增发风电电量 10.3 亿 kW•h，占张家口地区风电年发电量的 9%，工程建成后，各月风电弃风率均同比下降，冀北风电弃风矛盾得到有效缓解。

2.2 光伏发电

2.2.1 运行及利用情况

光伏发电发电量保持快速增长。2015年，我国光伏发电发电量383亿kW·h，同比增长84%，约占全国总发电量的0.7%。“十二五”期间，光伏发电发电量保持快速增长，年均增长率高达216%，如图2-22所示。

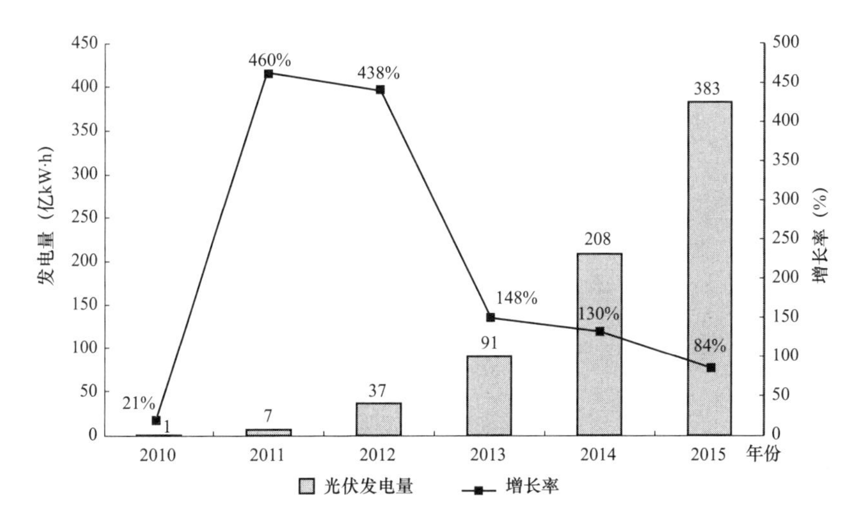

图2-22 2010—2015年中国光伏发电发电量及增长率

光伏发电量主要集中在西北地区。分地区看，西北地区光伏发电量226亿kW·h，居全国首位，占全国光伏总发电量的59%；华北、华东、华中、南方和东北地区光伏发电量分别为82亿、44亿、11亿、10亿、9亿kW·h，各地区占比分布如图2-23所示。分省份看，2015年光伏发电量最多的五个省（区）依次为青海、甘肃、蒙西、新疆和宁夏，光伏发电量分别为76亿、59亿、50亿、47亿、36亿kW·h。

全国大多数地区光伏发电利用小时数保持较好水平。2015年，全国光伏发电利用小时数1239h，同比下降146h，“十二五”期间，全国光伏

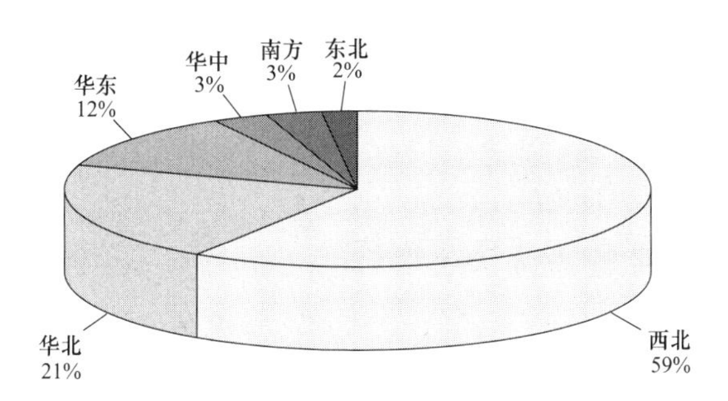

图 2-23 2015 年中国光伏发电量分地区分布

发电年均利用小时数 1330h，如图 2-24 所示。其中，青海、蒙西、西藏、吉林、黑龙江、蒙东、四川等省区光伏发电利用小时数超过 1500h，保持较好利用水平，全国主要省区光伏发电利用小时数如图 2-25 所示。

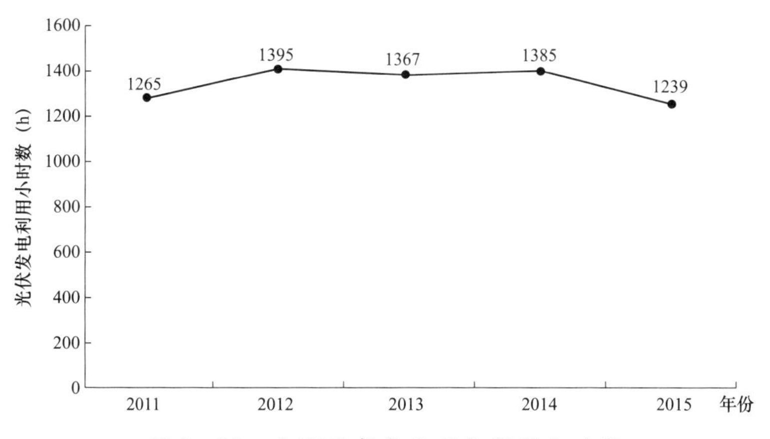

图 2-24 全国逐年光伏发电利用小时数

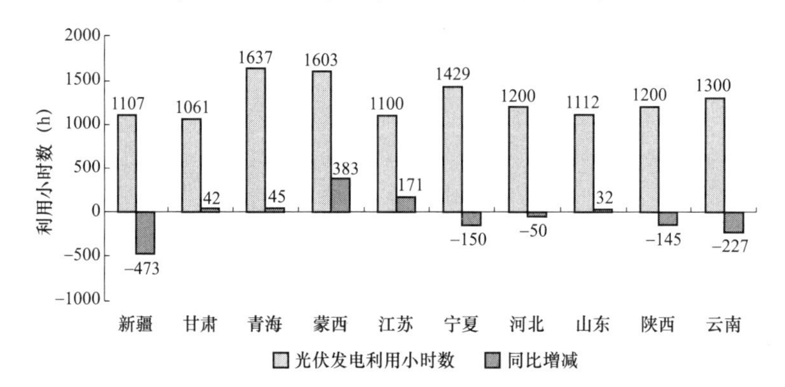

图 2-25 2015 年主要省区光伏发电利用小时数

2.2.2 弃光电量分布特性

全国仅部分省份发生弃光，弃光率同比持平。2015 年全国因弃光限电造成的损失电量约 48 亿 kW•h，弃光率 10.3%，同比基本持平。有 5 个省级电网发生弃光，其中甘肃、新疆弃光率超过 20%，分别达 31%、20%。“十二五”期间，我国自 2013 年起出现弃光，弃光电量呈逐年上升趋势，如图 2-26 所示。

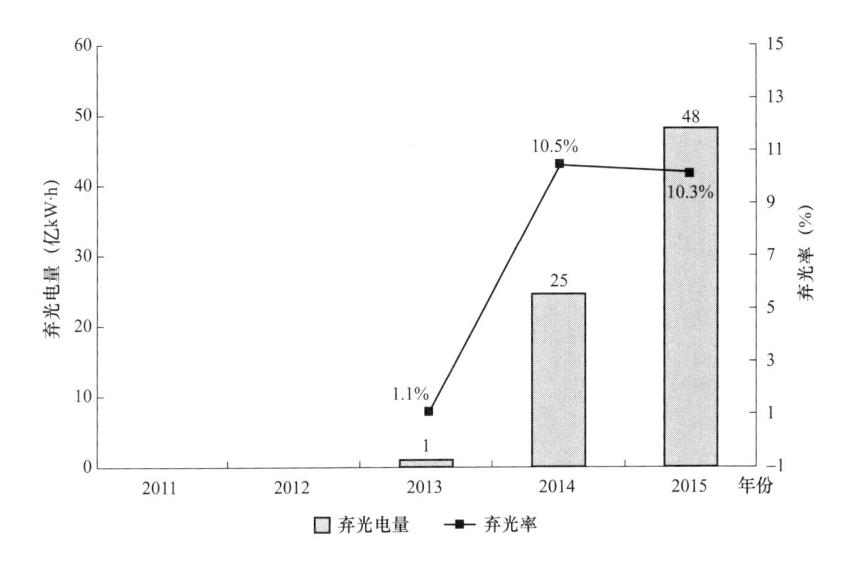

图 2-26 2011—2015 年全国弃光情况

从地域分布看，弃光主要集中在西北地区。全国共 5 个省（区）发生弃光，97%的弃光集中在西北地区，其中，近九成集中在甘肃和新疆。2015 年，甘肃弃光电量 26 亿 kW•h，占全国总弃光电量的一半以上；新疆弃光电量 15 亿 kW•h，占全国总弃光电量的 31%，如图 2-27 所示。

从时段分布看，弃光全年分布比较平均，2015 年下半年明显攀升。以西北地区为例，在 2015 年 8 月之前，西北电网月弃光电量基本保持平稳波动，受新疆、宁夏电网装机快速增长、大用户直供交易

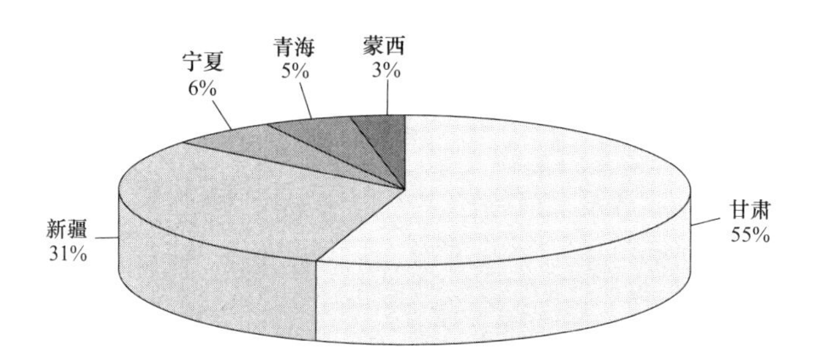

图 2-27　2015 年全国弃光电量分省分布

增加等因素的影响，2015 年下半年西北地区弃光电量出现大幅增长，如图 2-28 所示。

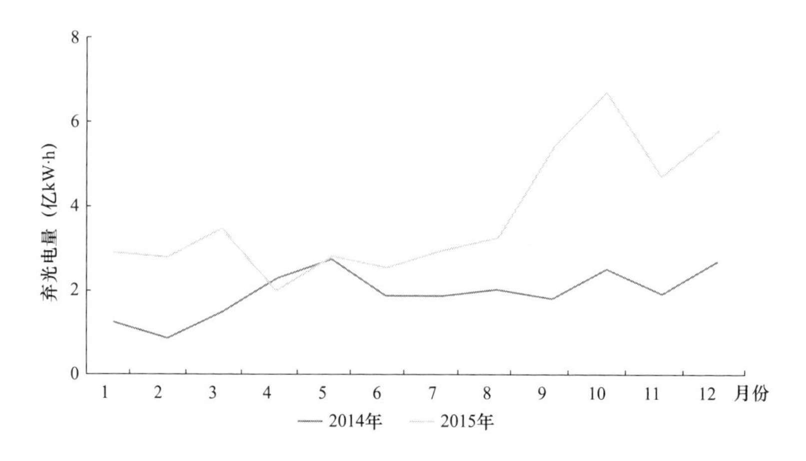

图 2-28　西北地区弃光电量逐月分布

2.2.3　重点地区光伏发电消纳分析

（一）甘肃

截至 2015 年底，甘肃电网光伏发电装机容量 610 万 kW，同比增长 18%，占本地区电力总装机容量的 13%，装机容量居全国首位；累计发电量 59.1 亿 kW·h，同比增加 48%；累计发电利用小时数 1061h，同比上升 42h。2015 年，甘肃累计弃光电量 26.19 亿 kW·h，弃光电量居全国首位，同比增长 114%，弃光率 30.70%，同比下降

5.81个百分点。2014—2015年甘肃逐月弃光率见图2-29。

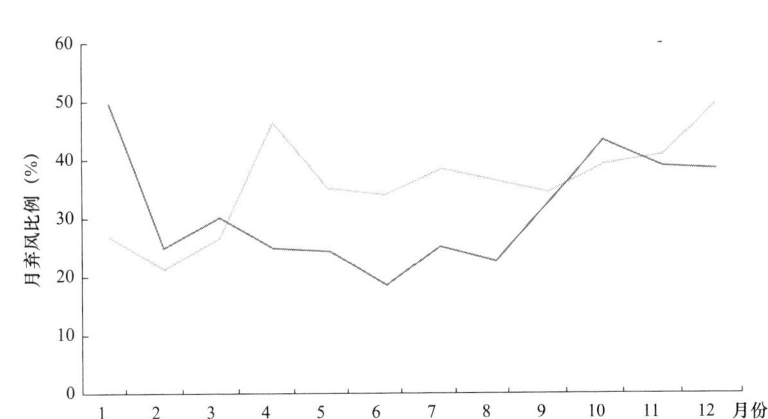

图2-29 2014—2015年甘肃逐月弃光率

甘肃弃光矛盾持续严峻的原因与风电类似，一是发电装机容量快速发展，消纳市场总量不足，甘肃光伏发电“十二五”期间快速增长（见图2-30），年均增速214%，而同期全社会用电量年均增速仅为6%；二是新能源装机大多集中在河西地区，新能源外送和跨省跨区输送能力不足。

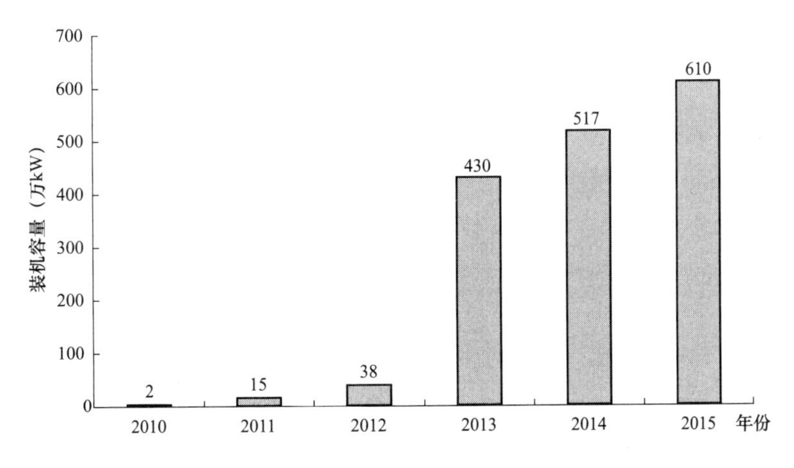

图2-30 2010—2015年甘肃光伏发电装机容量

（二）新疆

截至2015年底，新疆电网光伏发电装机容量529万kW，同比增长62%，占本地区电力总装机容量的8%，装机容量居全国第三位；累计发电量47.3亿kW·h，同比增加15%；累计发电利用小时数1046h，同比下降122h。2015年，新疆累计弃光电量15.08亿kW·h，弃光电量居全国第二，同比增长23倍，弃光率24.16%，同比增加25.19个百分点。2014—2015年新疆逐月弃光率见图2-31。

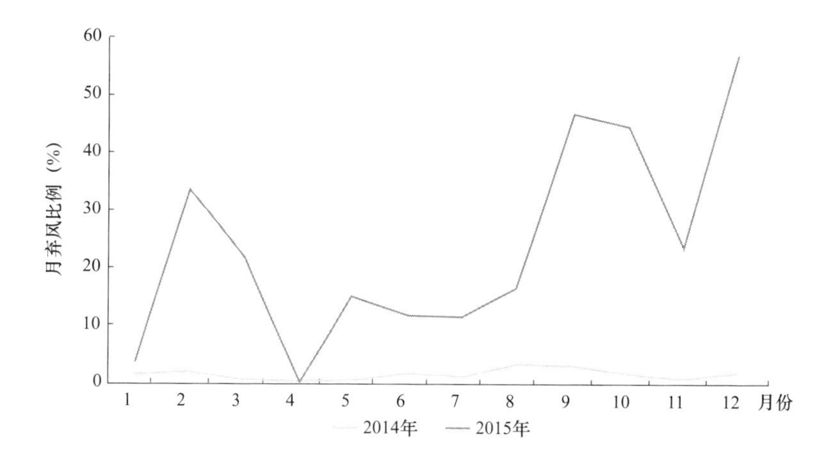

图2-31 2014—2015年新疆逐月弃光率

新疆弃光矛盾持续严峻的原因与风电类似，一是发电装机容量快速发展，消纳市场总量不足，新疆光伏发电自2013年以来快速增长（见图2-32），年均增速158%，而同期全社会用电量年均增速17%；二是自备电厂占比高，影响系统调峰能力。

（三）青海

截至2015年底，青海电网光伏发电装机容量564万kW，同比增长37%，占本地区电力总装机容量的27%，是省内第二大电源；累计发电量75.5亿kW·h，居全国首位，同比增加30%；累计发电利用小时数1637h，同比上升48h。2015年，青海累计弃光电量2.45亿kW·h，同

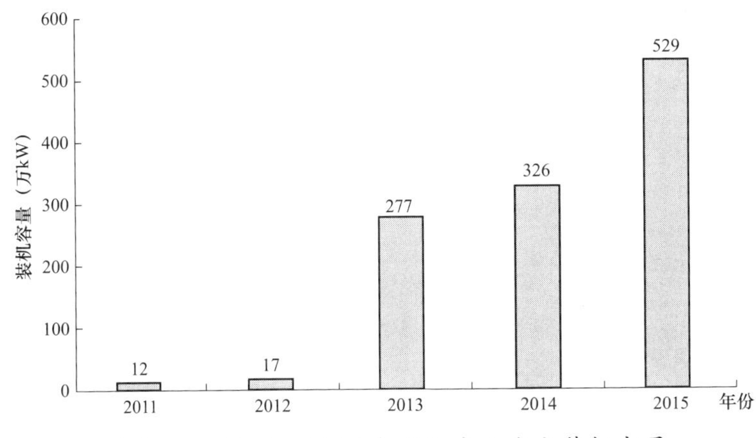

图 2-32 2011—2015 年新疆光伏发电装机容量

比增长 281%，弃光率 3.14%，同比增加 1.66 个百分点。

青海光伏发电消纳保持较好水平的原因，一是光伏发电发展规模保持平稳增长。2011—2015 年光伏发电装机容量年均增速 57%，低于全国平均增速，见图 2-33。二是青海水电占比高，调峰能力强。青海水电装机容量占电源总装机容量比例达到 55%，是省内第一大电源，在白天高峰时段黄河、大通河、格尔木河流域电站出库降至最小流量进行调峰，为光伏发电腾出空间。

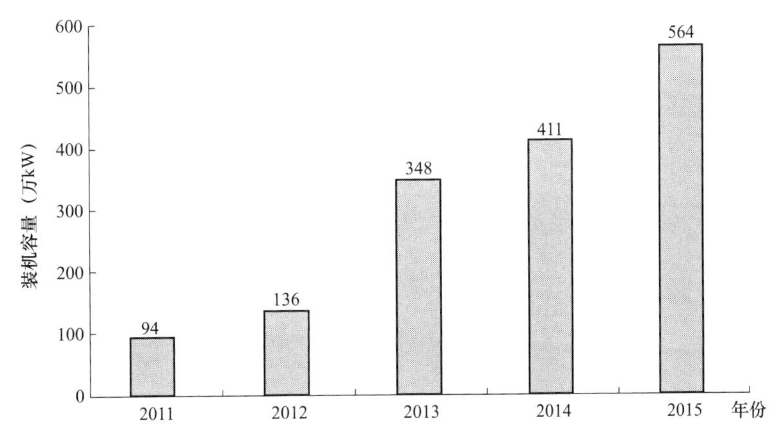

图 2-33 2011—2015 年青海光伏发电装机容量

2.3 其他新能源发电运行消纳

生物质发电量平稳增长。2015年，全国生物质发电量518亿kW·h，同比增长24%，占全国总发电量的0.9%。分区域看，生物质发电量主要集中在“三华”地区，其中华东、华北、华中生物质发电量分别为176亿、125亿、89亿kW·h，合计占全国生物质总发电量的75%，见图2-34。分省份看，江苏、山东、广东、浙江四省居全国前列，生物质发电量分别为72亿、66亿、48亿、47亿kW·h，合计占全国生物质总发电量的45%。

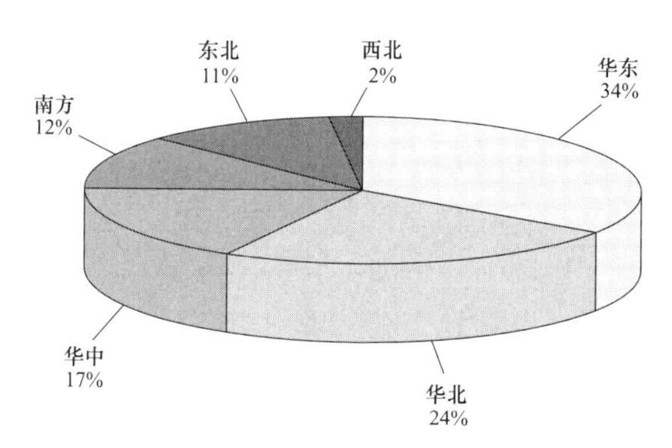

图2-34 2015年生物质发电量分地区分布

3 新能源发电及并网技术创新

风力发电进一步向低速风机、高空风力发电方向发展。太阳能发电技术取得新的突破，不同类型太阳能发电技术效率进一步提高，商业化应用的单晶电池效率达到19.5%～19.8%，多晶电池效率达到18%～18.6%。旋转太阳能发电和球形太阳能发电等新型发电技术不断涌现。塔式熔盐光热发电技术开始商业应用。新能源并网支撑技术进一步发展，大容量储能技术、柔性直流输电技术实现新的突破。

3.1 风力发电技术

3.1.1 低风速风机

风机的额定风速是指风机达到额定功率所需要的风速。低风速地区是指年平均风速为6～8m/s，风机年可利用小时数在2000h以下的地区。目前全国范围内可利用的低风速资源面积约占全国风能资源区的60%以上。低速风机能够在较低的风速时达到额定功率，从而提高风能的利用效率。低风速地区的风电开发将是未来我国风电产业发展的重要方向。

当前国内的低速风机制造商主要有联合动力、远景能源和金风科技等。2015年，联合动力推出了1.5MW级97机型及2MW级115机型超低风速风机，该超低风速风电机组适用于年平均风速5～6m/s的超低风速地区，可根据业主需求和区域条件配置塔筒高度，在年平均风速5.2m/s区域，等效年利用小时数可达到2000h以上，拓宽了低风速地区的可开发区域。远景能源的低速风机在安徽来安风场全年年均风速 5.7m/s 的风资源条件下，风机的满发小时数超过 2060h。与之毗邻的年均风速 5.8m/s 的江苏盱眙低风速风场，采用远景能源低速风机后全年等效满发小时数约 2200h。金风科技推出的 2.5MW 低速 GW115/2000 机型，适用于 6.5m/s 以下风区，将风能资源的捕捉区域最低下探到风速 5.2m/s 的范围，首台吊装在张北地区的样机，预计全年可实现 3000h 的发电小时数。

当前国外低速风机主要有维斯塔斯的 2MW 级 V110 和 V100 系列风机、西门子的 SWT-2.3-120 风机和爱纳康的 E-126 型风机。维斯塔斯 V110-2.0MW（110m 风轮）新一代风电机组专门针对低风速地区设计，切入速度仅为 3m/s。V100-2.0 MW 和 V110-2.0MW 风电机组以更大的风轮尺寸和更新的技术，比上一代的 2MW 风机分别提高 17%和 18%的年发电量。这一系列风机所采用的最新的 OptiStop 偏航功能，能够确保风机停机过程的平缓过渡，从而能减少 18%的载荷，使风电机组结构更轻，节省成本可多达 23%。2015 年西门子美洲定制低速风电机组进入实际测试阶段。SWT-2.3-120 是西门子为北美洲和南美洲客户定制的第一款风电机组。这款风机拥有 120m 的叶轮直径，由西门子经验证的 G2 产品平台（有齿轮箱的 2MW 产品平台）改进而来，预计将于 2017 年在美国实现批量生产。该机组对传动链进行了优化，使其能够在中低速风况下传递最大的能量。在 6～8.5m/s 的年平均风速范围内，SWT-2.3-120 可比 SWT-2.3-108 提高近 10%的发电量，容量系数预计可达 60%。2015 年，德国风电机组制造商爱纳康 Enercon 推出一款额定功率为 4.2MW 的新机型 E-126。此款风机叶轮直径 141m，具有 129m 和 159m 两种塔架高度可选，专门为低风速风区而设计，该机型在 6.5m/s 年平均风速下每年可发出的电量约为 13GW•h。

3.1.2　无叶片风机

大多数运转中的风机接近 20 层楼的高度，并且还带有三个 200ft[1] 左右长的叶片，当这些叶片随风旋转时就会产生电能，但同时也会绞杀飞近风机的鸟类。

2015 年，西班牙的科技公司 Vortex Bladeless 打造出没有叶片的风机——Vortex 风机，见图 3-1。Vortex 风机是利用结构的振荡捕获风的动能，从而利用感应发电机将风的动能转变成电能输出。这种设计理念将减少常规涡轮机中很多零部件的设计与制造，如叶片、机舱、轮毂、变速器、制动装置、转向系统等，从而使无叶片风机 Vortex 具有无磨损、性价比高、便于安装和维护、环境友好型及土地利用率高等特点。

图 3-1　无叶片 Vortex 风机

无叶片风机不依靠旋转的叶片或者任何有损耗的活动，而是利用“涡旋脱落效应”，即当风碰到建筑物并在其表面流动时，气流会发生变化，并在尾端产生循环涡流，使得风机能够像巨大的稻草一样在风中摇摆而发电。

---

[1] ft，英尺，1ft=0.3048m。

通常情况下，传统的风机必须在一定风速下达到特定的频率，才能造成建筑结构产生震荡。Vortex 风机利用塔架底部的两个环形相斥磁铁作为非电动马达，当锥体朝其中一个方向摆荡，底部相斥的磁铁便会将其推往另一个方向，因此无论风速如何，锥体本身都能持续产生最大值震荡。一旦锥体开始震荡，震荡时产生的力学能透过锥体底部的交流发电机，将力学能转换为电能。减少齿轮、螺栓或任何机械零件，Vortex 风机不须定期润滑，与传统风机相比，维护成本较低，且制造成本比传统风机约减少 51%。

3.2 太阳能发电技术

3.2.1 太阳电池技术

（一）晶硅电池技术

2015 年，常规单晶及多晶电池片产业化转换效率分别达到 19.5%和 18.3%。多晶电池效率受到硅片质量的影响较大，目前采用第三代高效多晶硅片（M3）一般电池效率为 18.0%～18.2%，研发采用第四代高效多晶硅片电池效率可以达到 18.3%～18.5%，进一步采用等离子刻蚀（RIE）或者湿法黑硅技术可以进一步将效率绝对值提高 0.3%～0.6%。目前，常规电池效率提升主要来自硅片质量、正表面银浆、发射极的进一步优化和背面铝浆的持续改善，但对于传统结构，背面铝背场的复合已经成为主要的效率损失。

在各种新型高效晶硅电池产品中，背面钝化 PERC 电池性价比优势最为明显，产业竞争力较强。PERC（passivated emitter and rear cell）电池通过在背面进行表面钝化，同时采用激光进行局部打开和局域背场制备，可以将电池的效率提高 0.6%～1%，得到了产业的广泛关注。PERC 电池与常规电池的不同之处在于背面，PFRC 电池采用了钝化膜来钝化背面，从而大幅度降低了背面的复合速率，开路电压提升幅度达到10～15mV。目前市场上以单晶PERC电池为主，平均效率一般为20.2%～20.6%。常州天合光能在商用多晶和单晶上的电池效率分别达到了20.8%和21.45%（第三方测试结果），均成为当时工业级PERC电池的世界纪录，其中多晶电池效率打破了德国Fraunhofer ISE研究所保持了10年的小面积20.4%的纪录，成为新的多晶电池世界纪录。2015年，常州天合光能的研发人员进一步将多晶电池效率提高到21.25%，这也是多晶电池效率首次突破21%的门槛值，再次刷新了多晶电池效率的世界纪录，成为目前多晶电池效率的最高水平。在单晶电池方面，德国Solar world公司单晶PERC电池效率达到了21.7%的水平。常州天合光能采用PERC钝化技术的p型单晶硅电池转换效率达到了22.13%，成为目前PERC电池转换效率的最高纪录。

（二）薄膜及其他新型太阳电池技术

目前的薄膜电池主要以碲化镉CdTe薄膜电池和铜铟镓硒CIGS薄膜电池为主，分别占市场份额的56.8%和29.6%。CIGS的全面积量产转换效率达16.1%，实验室最高转换效率达到22.3%。在CdTe电池领域，First Solar的CdTe电池实验室转换效率达到22.1%，创下新的世界纪录，而量产组件的平均转换效率达到了16.1%。

CIGS薄膜电池：近年来CIGS薄膜电池的转换效率不断提高，成本逐渐降低，竞争优势逐步体现，成为备受关注的一种薄膜太阳电池，欧美等国将该电池作为研发的重点方向。实验室最高转换效率方面，汉能子公司Miasole的CIGS薄膜电池组件的量产转换效率达16.1%，Manz的CIGS量产转换效率也宣称达到16%，SolarFrontier东北工厂的量产转换效率达到14.7%。瑞典柔性CIGS薄膜太阳电池生产设备制造商Midsummer的电池片转换效率达16.7%。台湾豪客采用溅射技术，生产出全球单片功率最高的CIGS组件（325W），组件转换效率达14%。

CdTe薄膜电池：目前全球能够大规模生产CdTe薄膜光伏组件的企业只有美国First Solar一家，其CdTe光伏太阳电池实验室转换效率达到22.1%，创下新的世界纪录，而其量产组件的平均转换效率到2015年底已达到16.1%。

铜锌锡硫（CZTS）电池：因其结构和制备与CIGS电池兼容，且环保廉价而受到关注，但仍处于实验室阶段。目前CZTS的实验室转换效率世界纪录仍是由Solar Frontier与IBM合作制造出的12.6%，2015年并未有新的提升。该技术若要进入量产还需克服诸多技术瓶颈。

砷化镓GaAs电池：GaAs的禁带宽度比硅更宽，使得它的光谱响应性和空间太阳光谱匹配能力更好。单结的GaAs电池理论效率超过30%，多结的可达60%。汉能子公司Alta Devices的单结GaAs电池转换效率已达到28.8%，2016年初又创造了双结GaAs电池31.6%的新的世界纪录。叠层多结GaAs串联太阳电池经过近十几年的发展，转换效率纪录也不断被刷新，目前多结GaAs太阳电池的世界纪录是法国Soitec公司、CEA-Leti与德国弗劳恩霍夫太阳能系统研究所于2014年底共同开发的四结太阳电池转换效率46%。

钙钛矿电池：自2009年开始被用于太阳电池研究以来，钙钛矿电池的转换效率不断被刷新。2014年底我国惟华光能实现19.6%的转换效率，将钙钛矿电池推向新的热点。2015年底，由瑞士洛桑联邦理工学院（EPFL）研发的新型钙钛矿太阳电池转换效率达21.02%，再次打破世界纪录，该效率已获得美国蒙大拿州波兹曼的Newport实验室认证。

有机太阳电池：有机太阳电池与传统硅基及其他无机金属化合物太阳电池相比，具有成本低、柔性、轻薄等特点，因此有着广泛的应用领域和巨大的商业价值。2015 年有机太阳电池的效率已经超过 10%，香港科技大学基于新型 PffBT4T-20D 聚合物材料的器件，效率达 10.8%。德国研究者的研究使有机光伏多结电池的转换效率达到了 13.2%，创造了新的有机太阳能电池转换效率的世界纪录。

3.2.2 新型光伏发电技术

（一）旋转太阳电池

绝大多数的太阳能面板都是平板的样子，而太阳能背板虽说可以采用技术使其随着太阳一天的移动路径而转动角度，但这一设计仍然具有很大的局限性。2015 年，NectarDesign 团队开发出了旋转太阳能光伏电池技术，见图 3-2。

图 3-2 旋转太阳电池

旋转太阳能光伏电池将太阳电池板放在一个独特的锥形支架上，全角度吸收太阳能。根据第三方机构验证，目前正在试验的型号已经比静态的平板太阳能背板产生 20 倍以上的电力。旋转太阳能光伏电池的旋转动力来自少量的太阳能电力和磁悬浮系统，减少了噪声，也降低了维护成本。与传统的光伏组件相比，旋转太阳能光伏电池占据的空间非常小，支持在小空间里进行太阳能发电，不仅创造了较高的发电效率，而且降低了大规模平面太阳能板铺设对环境的影响。

（二）球形太阳能发电技术

2015 年，德国 Rawlemon 公司宣布研发了一种球形的太阳能光伏发电技术，见图3-3。这种发电技术结合了球面几何原理和双轴跟踪系统，使得比传统太阳能板小得多的球形发电机能在同一区域产生更多的电力。该设备适合任何有角度的地面、建筑物上层，以及任何能看到天空的地方，也可以作为电动汽车的充电站使用。

图3-3 球形太阳能光伏发电技术

球形太阳能发电设备装有一个热能和电能混合转化集热器，可以搜集分散的能量，提升能量效率，比传统平坦固定的设备应用领域更广。另外，通过将太阳能集中到一小块区域，减少了太阳电池的数量，只需要传统面板的1%即可。在使用超级传输球透镜点聚焦聚光器时，可以将硅电池面积减少到25%，其能源转换效率接近57%。

（三）抗反射玻璃镀膜技术

2015年，光伏发电产品制造商英利绿色能源控股有限公司推出应用CleanARC抗反射玻璃镀膜技术的组件产品。采用CleanARC抗反射玻璃镀膜技术的英利组件具有很强的耐磨和抗衰退能力，特别适用于沙尘暴、强盐雾、高湿度和极端温度等恶劣环境条件下的电站项目。同时，由于镀膜的特殊结构及其较强的防渗透性能，采用这种技术的组件产品拥有更强的自清洁能力，从而大大降低光伏电站项目的运营和维护费用。在一些环境恶劣、太阳能应用受限的地区，采用这种技术的组件产品可以有助于促进光伏项目的开发。

3.2.3 光热发电技术

（一）美国新月沙丘光热电站

2016 年，美国 SolarReserve 公司宣布，装机 110MW 的新月沙丘塔式熔盐光热电站现已正式并网发电，见图 3-4。新月沙丘光热电站是全球目前最大的塔式熔盐电站，装机 11 万 kW，配 10h 储热系统，能供应 75 000 户普通家庭的日常用电需求。

图 3-4 美国新月沙丘光热电站

新月沙丘光热电站位于拉斯维加斯北部。内华达州最大的电力公司 NVEnergy 公司为该电站的电力承购方，PPA 协议购电年限为 25 年，协议电价仅为 0.135 美元/（kW•h）。自 2014 年 2 月 12 日电站主体工程建设完成以来，新月沙丘光热电站一直处于试运行调试阶段。该光热电站的主要设备包括由 SolarReserve 设计并生产的熔盐吸热器、定日镜集热场控制与跟踪系统，以及熔盐储能系统。

（二）熔盐菲涅尔光热发电技术

2015 年 5 月，法国阿海珐 Areva 太阳能宣布其与美国 Sandia 国家实验室合作建设的菲涅尔式光热发电熔盐储热技术实验示范项目正式投入运行，项目测试结果表明采用熔盐作工质的菲涅尔发电技术具有一定的可行性。9 月，德国 Novatec 太阳能公司和熔盐厂商 BASF 宣布在西班牙 PE1 项目（1.1 万 kW）的基础上，合作成功建设了另一个熔盐为传热工质的菲涅尔光热发电示范系统（3 万 kW）。这两个示范系统的建设采用熔盐作为传热和储热介质，增加了菲涅尔光热电站的年运行小时数，降低了发电成本，提升了供应的电能质量和发电可调节性。

（三）氢电一体化综合光热发电技术

2015 年，美国普渡大学西拉斐特分校开发出一种利用太阳热能同时生产电力和氢燃料的综合发电系统。太阳能热电厂的运行温度可以高达 625℃左右，温度越高则效率也越高。更重要的是，当水蒸气的温度达到 725℃以上的高温时，就可以被分解为氢和氧。氢电一体化综合光热发电系统即可同时利用蒸汽发电，同时储存氢气，将氢气作为夜间维持系统运行的辅助燃料，这使得它们两者能够相互依存。这一系统可 24 小时运行，平均效率达到 35%，接近使用电池储能的太阳能光伏系统的效率，但这种方案比传统的电池能量储存系统的效果更佳，氢气存储不会像电池那样过放电，而且储能介质不会随着使用次数的增加而失效。目前该技术仍然处于实验室的样机研发阶段。

3.3 其他新能源发电技术

3.3.1 氢能技术

氢能是二次能源，清洁环保、转化利用效率高，能够方便实现多种能源的转换，是未来非常有发展前景的新能源技术。氢具有高挥发性、高能量，是能源载体和燃料，同时氢在工业生产中也有广泛应用。目前工业上每年用氢气与其他物质一起来制造氨水和化肥，同时也应用到汽油精炼工艺、玻璃磨光、黄金焊接、气象气球探测及食品工业中，液态氢可作为火箭燃料。目前，氢能技术研发和应用的重点是制氢和用氢环节的效率提升。2015 年，美国哥伦比亚大学的研究人员制备出了一种廉价的双金属催化剂，该催化剂是由铜钛金属模拟贵金属铂的结构制备而成的，可大大提高电解水制氢的效率，应用前景广阔。工业中通常使用蒸汽甲烷转化工艺制氢，这需要天然气和大量的能源，以及产生二氧化碳作为副产品。这使得氢燃料的生产成本很高。通过金属催化剂电解水，可协助电子转移从而降低反应所需要的驱动能量。但制氢最好的催化剂是铂，进行大规模利用的成本太高。哥伦比亚大学的研究人员合作发现一种潜在的突破性的替代物，通过将铜和钛结合起来模拟铂催化剂的结构的合金，它的活性是可以与铂催化剂相媲美的，并且更加具有成本效益，而且使反应速度更快。2015 年，中国科学技术大学的研究人员研制出析氢性能接近贵金属铂的水还原高效复合催化剂，而且稳定性优异，有望取代铂成为新一代廉价的氢电极材料。该研究组运用一步法所制备的二硒化钴/二硫化钼复合催化剂表现出优异的水还原催化活性，利用这两种材料的复合在界面处形成新的钴—硫化学键。一方面，钴与硫的配位能够降低其对氢的吉布斯吸附自由能，从而增强其活性边位点对氢中间产物的吸附，增强其反应动力学；另一方面，硫与钴的相互作用也带来电催化协同效应，使原本具有一定水还原性能的二硒化钴的活性进一步增强。

3.3.2 先进核电技术

（一）第四代核电技术

第四代核电反应堆 Gen—Ⅳ的概念最先是在 1999 年 6 月召开的美国核学会年会上提出的。在当年 11 月该学会冬季年会上，进一步明确了发展 Gen—Ⅳ的设想。其中，铅基堆被“第四代核能系统国际论坛（GIF)”组织评定为有望首个实现工业示范和商业应用的第四代核裂变反应堆。得益于铅基材料优良的中子物理和热物理特性及稳定的化学性质，铅基堆在产能安全性和经济性方面具有突出优势，还具有良好的核废料“焚烧”处理能力和核燃料增殖能力，是一种能够实现多种应用和可持续发展的先进核能系统。西方多个国家目前正积极推动铅基堆工程化应用，计划21世纪20年代实现商业示范。2016年4月，中国科学院核能安全技术研究所在第四代核裂变反应堆堆芯核心技术上取得重要突破，研发出新型燃料组件及包壳材料，解决了铅基堆堆芯高份额燃料、高密度冷却剂、耐高温耐腐蚀结构材料等关键技术难题。中国科学院核能安全技术研究所负责“ADS嬗变系统”中铅基堆的研发工作，目前已经完成了反应堆系统详细设计及主要技术研发，并在核心设计理念与关键设备研制方面实现了突破，具备了铅基堆工程实施能力。

（二）核聚变技术

核聚变是轻核聚合成较重的原子核释放出巨大能量的过程，聚变反应可释放出大量的能量，聚变反应的产物是比较稳定的氦。由于核聚变的固有安全性、环境优越性、燃料资源丰富性，因此聚变能被认为是人类最理想的洁净能源之一。2015年，中国科学院核能安全技术研究所在铅冷快堆冷却剂技术方面取得重要突破，建成了中国首座纯铅冷却剂实验回路。中国将赶在全世界前面实现“人造太阳”于2020年左右的商业化运行，未来使用纯铅冷却剂的中子快堆有望成为中国核潜艇和核动力航母的标配动力，输出功率和安全性将远超目前使用的核动力装置。

3.4 新能源并网支撑技术

3.4.1 大容量储能技术

近几十年来，储能技术的研究和发展一直受到各国能源、交通、电力、电信等部门的重视。储能技术在电力系统中的应用，主要集中在电网调峰、分布式能源及微电网、电力辅助服务、电力质量调频、电动汽车充换电等。电能可以转换为化学能、势能、动能、电磁能等形态进行存储，按照其具体的技术类型可分为物理储能、电化学储能、电磁储能和相变储能等类型。其中物理储能包括抽水蓄能、压缩空气储能和飞轮储能；电磁储能包括超导、超级电容和高能密度电容储能；电化学储能包括铅酸、镍氢、镍镉、锂离子、钠硫和液流等电池储能；相变储能包括冰蓄冷储能等。截至 2015 年底，全球累计运行储能项目（不含抽水蓄能、压缩空气和储热）327 个，装机规模 94.68 万 kW。

从区域分布上看，截至 2015 年底，美国累计装机规模 42.64 万 kW，是全球储能装机第一大国；其次是日本和中国，占比分别为 33%和 11%。从技术分布上看，在运和在建的锂离子电池项目占据装机第一的位置，累计装机规模分别达到 35.67 万 kW 和 220 万 kW。

压缩空气储能：目前，全球范围内仅有两座大型压缩空气储能电站投入商业运行，分别是德国 Huntorf 电站（容量 290MW，后经改造提升至 321MW）和美国 Alabama 州的 Mcintosh 电站（容量 110MW）。此外，还有一些小型示范项目正在运行。中国还没有投入商业运行的压缩空气储能电站。中国科学院工程热物理研究所、华北电力大学、清华大学、西安交通大学、华中科技大学等是国内主要研究压缩空气储能技术的科研院所。中国科学院工程热物理研究所是国内唯一开展超临界压缩空气储能系统研究的科研单位，建成了国际首套 1.5MW 级超临界压缩空气储能系统集成实验与示范平台，并于 2014 年 12 月启动了国内第一个 1.5MW 超临界压缩空气储能系统微网示范项目，此外还有一个 10MW 项目预计 2016 年中投入运行。

电化学液流电池：2012 年，大连融科储能技术发展有限公司与鞍山荣信公司合作团队成功中标国电龙源 5MW/10MW·h 储能电池系统工程，将与国电龙源辽宁省法库县的卧牛石 50MW 风电场配套，实现跟踪计划发电、平滑输出，提高电网对可再生能源发电的接纳能力。2016 年 4 月，国家能源局印发《关于同意大连液流电池储能调峰电站国家示范项目建设的复函》（国能电力〔2016〕110 号），批复同意大连市组织开展国家化学储能调峰电站示范项目建设，确定项目建设规模为 20 万 kW / 80 万 kW·h，这是全国范围内首次建设的国家级大型化学储能示范项目。

锂离子电池：2015 年，欧洲最大的储能设施由施恩禧电气欧洲公司、三星 SDI 公司和德国 Younicos 公司负责建造，造价 1870 万英镑，预计在 2016 年底投入运营。建成后的锂离子储能容量达到 6MW，将使用锰酸锂技术存储电能。

3.4.2 柔性直流输电技术

1990 年，柔性直流输电技术由加拿大 McGill 大学 Boon-Teck Ooi 等人首次提出，主要突破就是采用了全控型电力电子器件构成的电压源换流器（VSC-HVDC），取代常规直流输电中基于半控型晶闸管器件的电网换相换流器（LCC-HVDC），成为继汞弧阀和晶闸管阀之后的第三代直流输电技术。1997 年，ABB 公司在瑞典中部的 Hallsjon 和 Grangesberg 之间建成首条的工业试验工程。多端柔性直流输电（multi-terminal direct current，MTDC）是柔性直流输电技术的进一步发展。

2015 年底，全球柔性直流输电已投运工程 20 项，最小规模为 3MW/±10kV，最大达到 200MW/±320kV，在建工程超过 20 项。欧洲是柔性直流输电工程项目数量最大，占比约 70%。从应用领域来看，风电并网和弱电网互联应用占绝大部分比例。

随着 VSC-HVDC 技术的发展成熟以及可关断器件、直流电缆制造水平的不断提高，MTDC 的发展潜力日益显现。中国南方电网公司于2013年12月建成投运了世界第一个VSC-MTDC输电工程——南澳VSC-MTDC输电示范工程。随后2014年7月，国家电网公司建成投运了世界上电压等级最高、端数最多、单端容量最大的VSC-MTDC输电工程——舟山多端柔性直流输电示范工程，推动多端直流输电技术的发展实现新的突破。2015年12月，世界上首个采用真双极接线、额定电压和输送容量双双达到国际之最的柔性直流工程——福建厦门±320kV柔性直流输电科技示范工程正式投运。

3.5 新能源标准及技术规范

2015年国家标准化管理委员会发布了36号中国国家标准公告文件，其中包含了风电产业相关的国家标准，涉及了风电的行业制造、设计、通信和试验等方面，包括GB/T 30966.5—2015《风力发电机组 风力发电场监控系统通信 第5部分：一致性测试》、GB/T 30966.6—2015《风力发电机组 风力发电场监控系统通信 第6部分：状态监测的逻辑节点类和数据类》、GB/T 31517—2015《海上风力发电机组 设计要求》、GB/T 31518.1—2015《直驱永磁风力发电机组 第1部分：技术条件》、GB/T 31518.2—2015《直驱永磁风力发电机组 第2部分：试验方法》、GB/T 31519—2015《台风型风力发电机组》、GB/T 31817—2015《风力发电设施防护涂装技术规范》、GB/T 31997—2015《风力发电场项目建设工程验收规程》、GB/T 32128—2015《海上风电场运行维护规程》、GB/T 21407—2015《双馈式变速恒频风力发电机组》、GB/T 32077—2015《风力发电机组 变桨距系统》、GB/T 22516—2015《风力发电机组噪声测量方法》。这些标准将于2016年陆续实施。

2015年国家能源局批准光伏发电及光热发电等多项行业标准，涉及光伏光热发电监控、并网、设计、验收和工程安全评价等多个方面，包含 GB/T 31366—2015《光伏发电站监控系统技术要求》、GB/T 31365—2015《光伏发电站接入电网检测规程》、NB/T 32027—2016《光伏发电工程设计概算编制规定及费用标准》、NB/T 32028—2016《光热发电工程安全验收评价规程》及 NB/T 32029—2016《光热发电工程安全预评价规程》。这些新的行业标准已获批，将于 2016 年开始实施。

4 新能源发电成本

2015年，全球可再生能源发电技术的成本竞争力持续提升。陆上风电发电成本已经可以与化石燃料发电竞争。2010－2015年间，世界光伏组件价格下降了75%～80%，太阳能光伏发电平准化发电成本（LCOE）减少了一半以上，成本竞争力日益增高。

4.1 风电成本

（一）风电机组价格

2015年，全球陆上风电机组价格平均为1013～1143美元/kW（折合人民币6280～7087元/kW）[❶]，比2014年略有下降，见图4-1。2010－2015年间，世界陆上风电机组价格由1472～1615美元/kW（折合人民币10 054～11 030元/kW）下降到1013～1143美元/kW（折合人民币6280～7087元/kW），降幅达到29%～45%。

2015年，中国风电机组平均价格约为807美元/kW[❷]（折合人民币5003元/kW），与2014年IRENA的676美元/kW相比有所反弹。

（二）单位投资成本

2015年，全球陆上风电单位投资成本为1100～2690美元/kW（折合人民币7128～17 431元/kW）[❸]。

---

❶ 数据来源：IRENA，截至2015年7月数据。

❷ 数据来源：BNEF。

❸ 数据来源：BNEF。

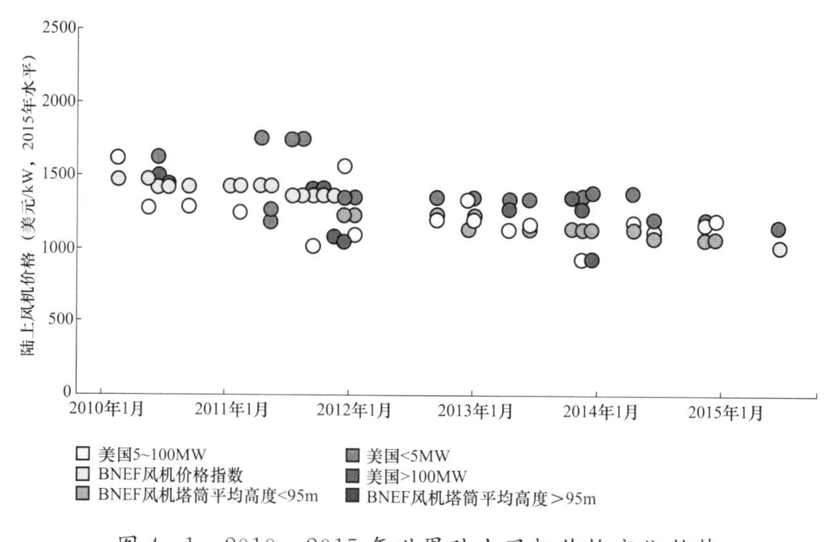

图 4-1 2010—2015 年世界陆上风机价格变化趋势

注： 图中数据为 2010 年 1 月至 2015 年 7 月数据，数据来源于 LBNL 和 BNEF。

2015 年中国陆上投产风电项目平均单位千瓦造价为 8356 元/kW，相比 2014 年的 8619 元/kW，单位千瓦造价下降 263 元，降幅 3%❶。全国大部分省份的单位千瓦决算造价都已经降到 9000 元/kW 以下，部分省份的造价低于 8000 元/kW。其中，造价较高的风电场项目主要分布在广东和云南地区，造价较低的风电场项目主要分布在甘肃和新疆地区。

按不同地区划分❷，2015 年南方地区单位造价最高，为 8529 元/kW，主要集中在广东、云南等地区的风电场；西北地区单位千瓦造价最低，为 8080 元/kW。2015 年全国各区域单位千瓦造价较 2014 年均有不同程度的下降，其中南方地区单位千瓦造价为 8529 元/kW，较

❶ 数据来源：水电水利规划设计总院《2014 年风电项目建设报告》。

❷ 东北：黑龙江、吉林、辽宁；华北：河北、内蒙古、山西、天津、北京；西北：陕西、甘肃、宁夏、新疆、青海；华东：浙江、江苏、上海、安徽、福建、山东；华中：湖南、湖北、河南、重庆、四川、江西；南方：广东、海南、广西、贵州、云南、西藏。

2014 年下降最多，达 9%，详见表 4 - 1 和图 4 - 2。

表 4 - 1　2014—2015 年不同地区单位千瓦造价　元/kW

地区	2014 年单位千瓦造价	2015 年单位千瓦造价	降幅
华中	9020	8311	-7.9%
东北	8926	8430	-5.6%
南方	9375	8529	-9.0%
华东	8862	8368	-5.6%
华北	8531	8419	-1.3%
西北	8138	8080	-0.7%
平均	**8619**	**8356**	**-3.1%**

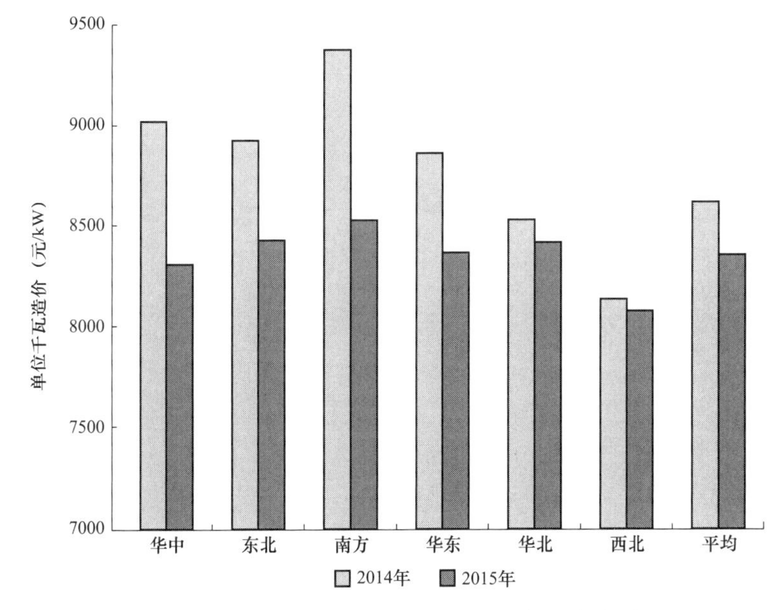

图 4 - 2　2014—2015 年不同地区单位造价对比

（三）度电成本

2015 年，全球陆上风电平准化发电成本（LCOE）由上半年的 0.0855 美元/（kW·h）[约合人民币 0.54 元/（kW·h）] 下降到 0.0825 美元/（kW·h）[约合人民币 0.52 元/（kW·h）]，世界陆上风电 LCOE 对比见图 4 - 3。

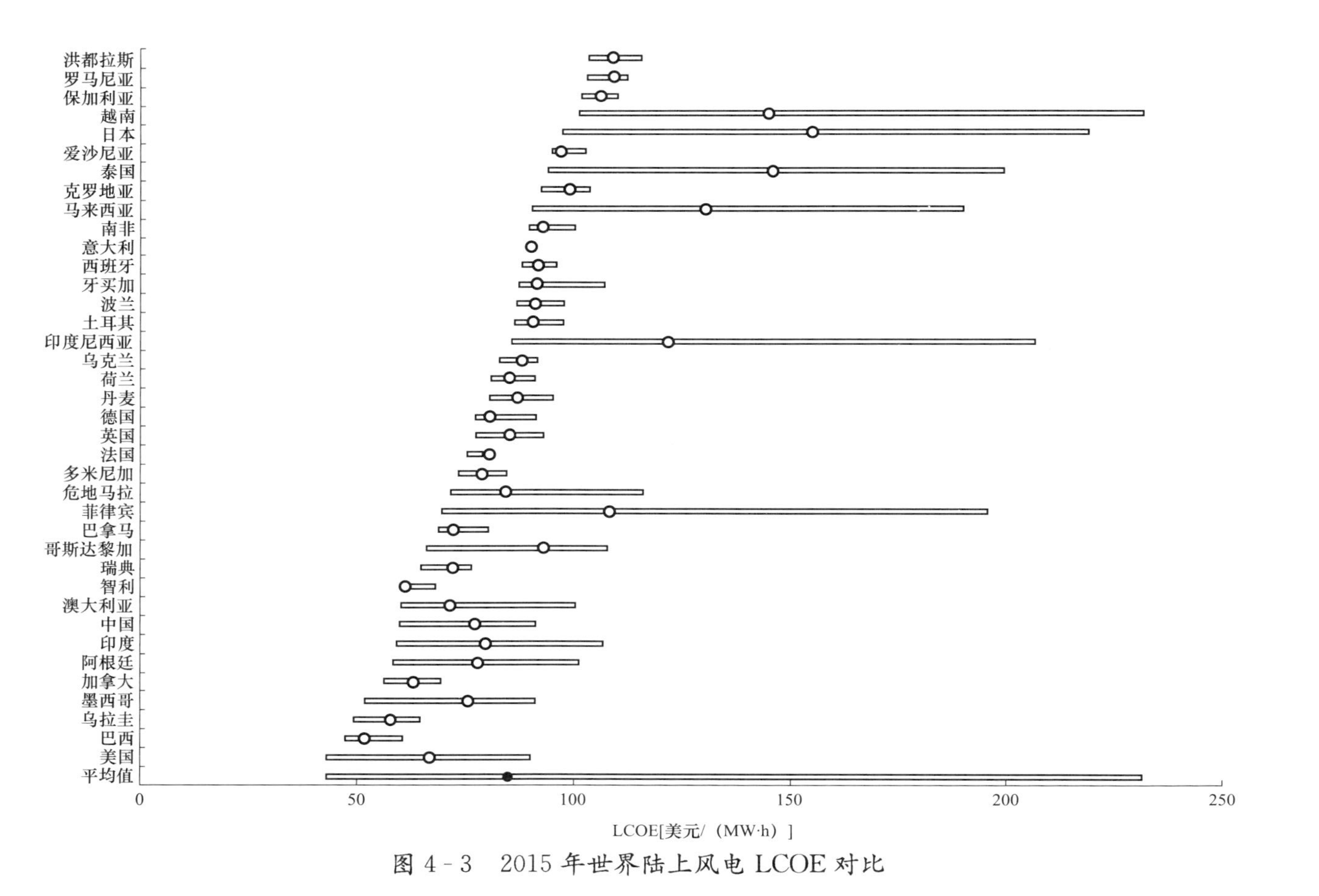

图 4－3　2015 年世界陆上风电 LCOE 对比

2015年中国风电项目平准化发电成本约为0.077美元/(kW·h)[折合人民币0.485元/(kW·h)]❶。中国与印度是LCOE最低的国家之一，见图4-4。印度陆上风电LCOE约为0.080美元/(kW·h)[折合人民币0.504元/(kW·h)]，两国的上网电价均在0.078美元/(kW·h)[折合人民币0.49元/(kW·h)]左右，与LCOE基本持平。

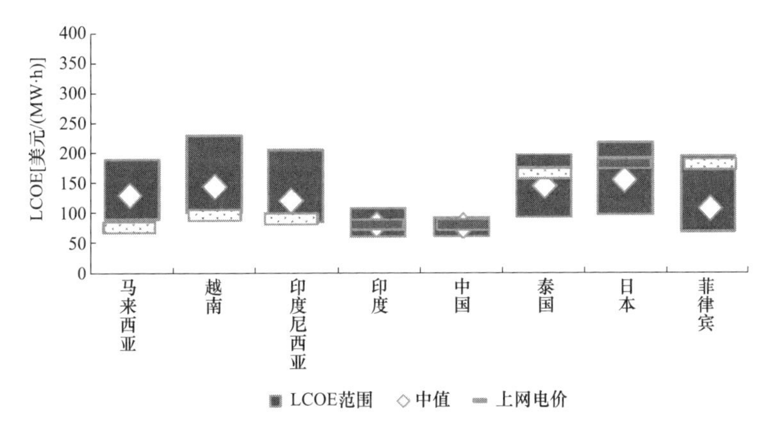

图4-4 2015年部分国家陆上风电LCOE对比

4.2 光伏发电成本

(一) 光伏组件价格

2010—2015年期间，世界光伏组件的价格下降了75%～80%。2015年，世界平均组件价格约为0.611美元/Wp(折合人民币3.85元/Wp)，中国晶硅组件平均价格约为0.599美元/Wp(折合人民币3.77元/Wp)，见图4-5。

(二) 初始投资成本

2015年，全球大型光伏电站单位投资成本为1000～3460美元/kW(折合人民币6300～21 798元/kW)❷。

2014—2015年中国光伏电站项目平均单位千瓦造价为8225元/kW,

❶ 数据来源：BNEF。

❷ 数据来源：BNEF。

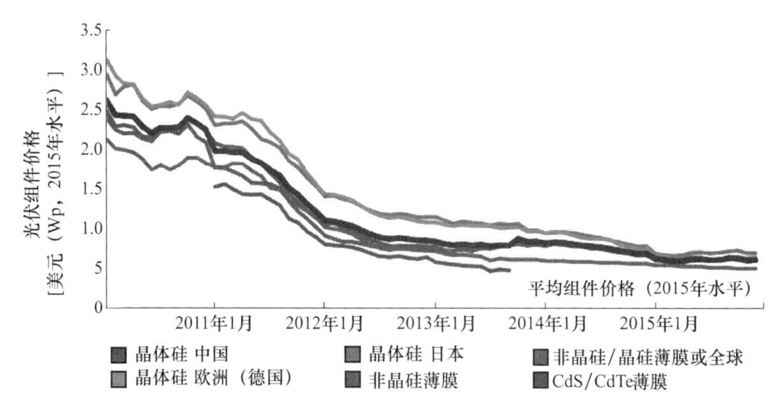

图 4-5 2010—2015 年世界光伏组件价格变化趋势

注：图中数据为 2010 年 1 月至 2015 年 12 月数据。

较 2013 年降低约 1000 元/kW。其中，设备及安装工程费用所占总投资份额最大，约占总投资的 80%，包括发电场设备安装、升压变电站设备安装、控制保护设备安装、其他设备安装费用四部分；其次是建筑工程费用，约占总投资的 12%，包括发电场工程、升压变电站工程、房屋建筑工程、交通工程、其他工程费用五部分。造价降低的主要原因是电池组件价格降低，近两年组件价格（含运费）较 2013 年降幅约 6%。光伏电站决算总投资组成情况如图 4-6 所示。

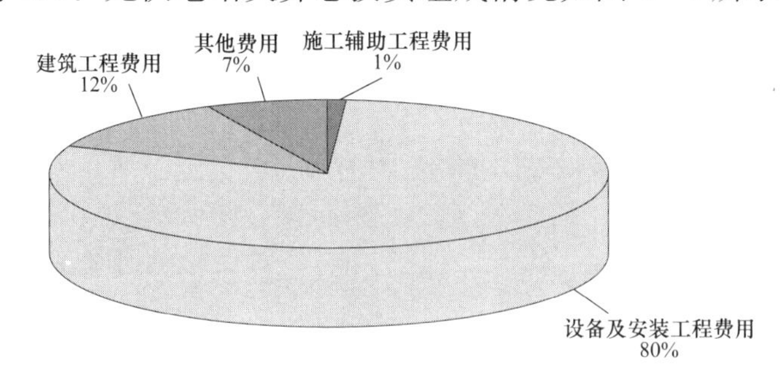

图 4-6 2014—2015 年全国光伏电站项目投资组成

（三）度电成本

2015 年，全球大型光伏电站 LCOE 约为 0.126 美元/（kW·h）[约合人民币 0.794 元/（kW·h）]，世界大型光伏电站 LCOE 对比见图 4-7。

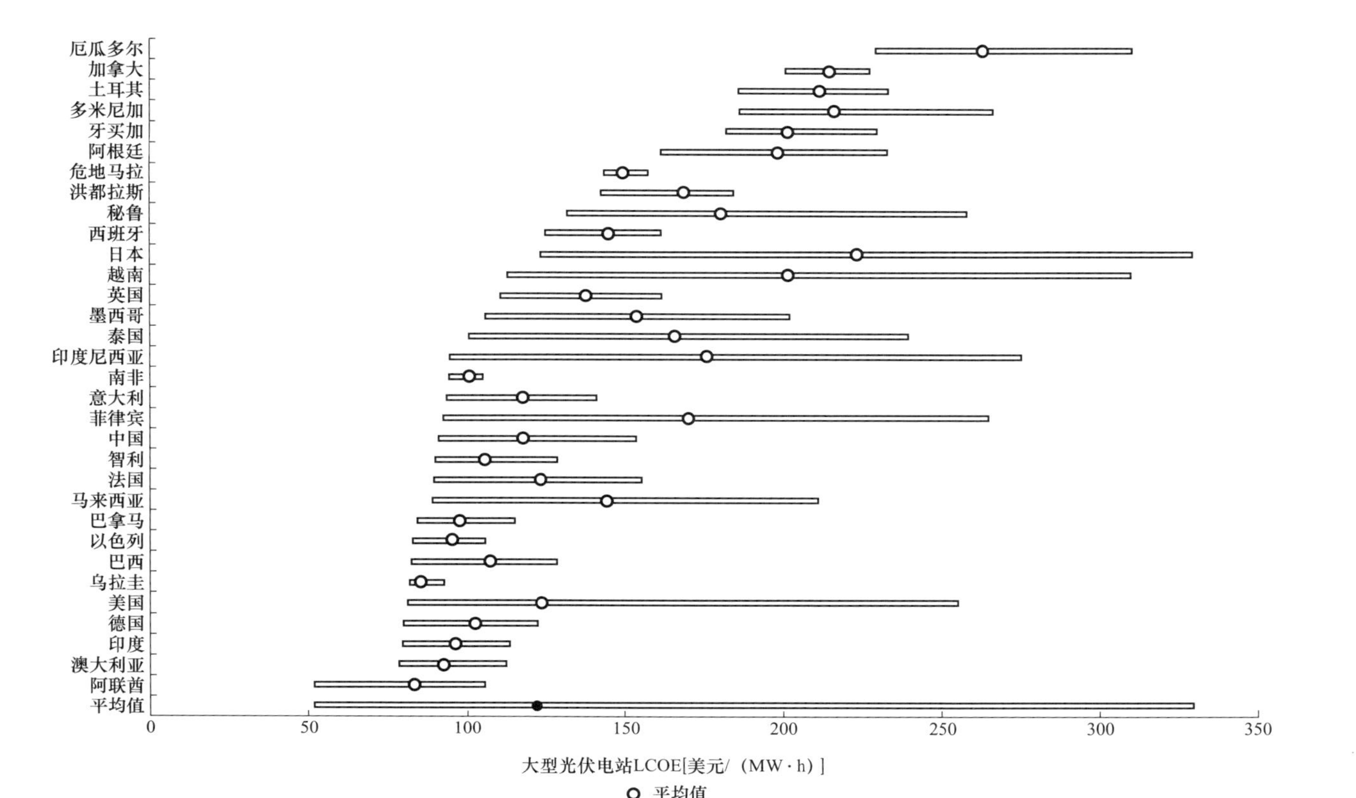

图 4-7 2015年世界大型光伏电站LCOE对比

2015年大型光伏电站LCOE约为0.109美元/（kW·h）［折合人民币0.687元/（kW·h）］[1]。印度大型光伏电站LCOE约为0.096美元/（kW·h）［折合人民币0.605元/（kW·h）］，见图4-8。与印度相比，中国的大型光伏电站LCOE低于上网电价，而印度大型光伏电站LCOE与其上网电价基本持平。

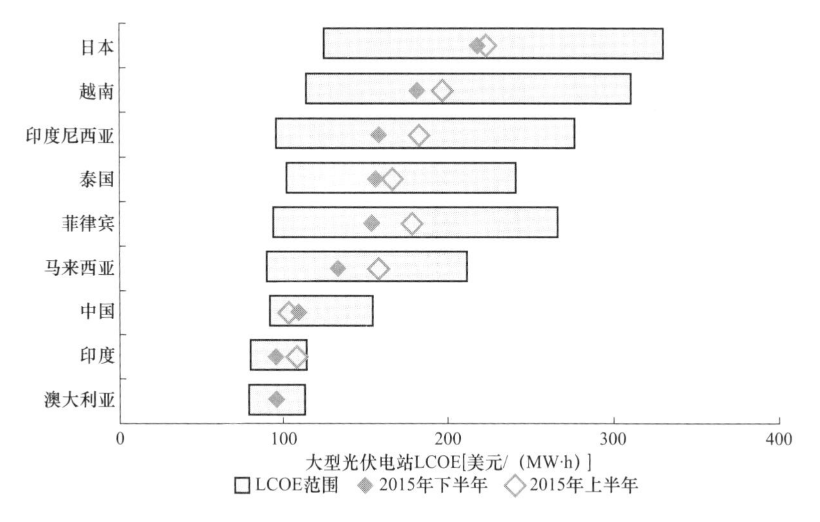

图4-8　2015年部分国家大型光伏电站LCOE对比

4.3　成本变化趋势分析

4.3.1　风电成本变化趋势

风电场投资成本方面，据IRENA预测，到2020年，美国风电机组的价格将下降到800美元/（kW·h）左右，风电场初始投资成本为1350～1450美元/kW，欧洲风电场投资成本将下降到1400～1600美元/kW；到2025年，美国风电场投资成本可以下降到1450美元/kW，而风电机组的价格将可以稳定下降到850美元/kW。欧洲将遵循与美国相同的下降趋势，2025年欧洲风电场投资成本将下降到1400～

[1] 数据来源：BNEF。

1600美元/kW。由于中国和印度的风电场投资成本已经十分具有竞争力，因此到2025年变化不大。

平准化发电成本方面，2020－2030年，世界不同国家风电LCOE将有不同程度的下降。

据BNEF预测，美洲地区（包括北美洲和南美洲），美国、加拿大、巴西风电平准化发电成本到2020年将分别下降到0.06、0.06、0.05美元/（kW•h）；到2030年将分别下降到0.05、0.05、0.04美元/（kW•h），美国下降幅度超过加拿大。

欧洲、中东及非洲地区，到2020年将分别下降到0.08、0.07、0.07美元/（kW•h）；到2030年将分别下降到0.06、0.05、0.06美元/（kW•h）。

泛太平洋亚洲及日本地区，中国具有最低的风电发电成本。到2020年，中国风电平准化发电成本将下降到0.06美元/（kW•h），日本、印度将分别下降到0.13、0.06美元/（kW•h）；到2030年，中国风电平准化发电成本将下降到0.05美元/（kW•h），日本、印度将分别下降到0.09、0.05美元/（kW•h）。表4-2为不同国家和国际机构对未来风电发电成本的预测结果。

表4-2　不同国家和国际机构对未来风电发电成本的预测

机构	单位	2020年	2030年
IRENA	美元/（kW•h）	0.04～0.20	—
BNEF	美元/（kW•h）	0.05～0.13	0.04～0.09

数据来源：IRENA，BNEF。

4.3.2 光伏发电成本变化趋势

2020—2030年，世界不同国家光伏发电成本将有不同程度的下降。据BNEF预测，美洲地区（包括北美洲和南美洲），美国、巴西光伏平准化发电成本到2020年将分别下降到0.07、0.06美元/（kW•h）；

到2030年将分别下降到0.04、0.04美元/（kW•h）。

欧洲、中东及非洲地区，到2020年将分别下降到0.11、0.09、0.08美元/（kW•h）；到2030年将分别下降到0.07、0.06、0.06美元/（kW•h）。

泛太平洋亚洲及日本地区，到2020年，中国光伏发电平准化发电成本将下降到0.07美元/（kW•h），日本、印度将分别下降到0.11、0.07美元/（kW•h）；到2030年，中国光伏发电平准化发电成本将下降到0.05美元/（kW•h），日本、印度将分别下降到0.07、0.05美元/（kW•h）。

根据中国资源综合利用协会可再生能源专委会发布的《中国光伏发电平价上网路线图》，2020年，中国光伏发电平准化发电成本可降至0.6～0.8元/（kW•h），2030年可降至0.6元/（kW•h）以下。表4-3为不同国家和国际机构对未来光伏发电成本的预测结果。

表4-3　不同国家和国际机构对未来光伏发电成本的预测

机构	单位	2020年	2025年	2030年
IEA	美分/（kW•h）	10	—	7
欧洲EPIA	欧分/（kW•h）	12	—	6
日本NEDO	日元/（kW•h）	14	—	7
美国NERL	美分/（kW•h）	10	—	8
BNEF	美分/（kW•h）	6～11	—	4～7
IRENA	美分/（kW•h）	9（中国）	6～15	—
中国资源综合利用协会	元/（kW•h）	0.6～0.8	—	<0.6

数据来源：IEA，EPIA，NEDO，NERL，BNEF，IRENA。

5 新能源发电产业政策

2015年，新能源产业政策要求加快建立促进新能源消纳的市场机制，鼓励新能源发电企业作为市场主体参与市场直接交易，以及包括电储能在内的辅助服务提供商参加调峰辅助服务市场。对风电上网电价和光伏上网电价政策进行调整，明确了风电和太阳能的开发建设方案。进一步推动分布式光伏发电发展，实施光伏扶贫工程。

5.1 新能源产业政策

2015年3月20日，国家发展改革委、国家能源局发布《关于改善电力运行调节促进清洁能源多发满发的指导意见》（发改运行〔2015〕518号），落实新一轮电力改革要求。要求规定：①优先预留清洁能源发电机组发电空间，新增用电需求原则上优先用于安排清洁能源发电。进一步提高清洁能源发电份额，可能加大部分省系统安全运行压力。②能源资源丰富地区，鼓励清洁能源优先与用户直接交易。目前大用户直接交易时，考虑到价格交叉补贴及出力稳定性的问题，大部分地区水电、风电和光伏电站未纳入直接交易范围。清洁能源参与直接交易，需要进一步考虑输配电价核算、偏差电量交易与辅助服务等问题。③提出跨省区送受电计划要优先安排清洁能源送出并明确送电比例，京津冀等地区接受外输电中清洁能源比例逐步提高。送受各方自主协商，无法达成一致意见，由国家发展改革委协调确定。目前跨省区电力交易需求不足，这些措施将有利于发挥跨区电网在节能减排中的作用，促进跨省区交易。④通过替代发电、辅助服务分摊和补偿等方式，建立清洁能源与其他发电企业的合理分配利益机制，促进清洁能源多发电。

2015年4月29日，国家能源局发布《关于在北京开展可再生能源清洁供热示范有关要求的通知》（国能新能〔2015〕90号），提出利用张家口的风能资源在北京开展清洁能源供热示范，以延庆县作为先行试点地区。文件提出采取有效措施尽快开展可再生能源清洁供热示范项目，利用京津冀区位条件和既有工作基础推动风电清洁能源供热，以延庆县为先行试点地区，依托延庆绿色能源示范建设，结合延庆县“无煤化”供热规划，组织有关技术管理单位，确定延庆县可再生能源清洁供热示范实施方案。

2015年10月8日，国家发展改革委办公厅印发《关于开展可再生能源就近消纳试点的通知》（发改办运行〔2015〕2554号），首次提出在可再生能源富集的甘肃、内蒙古率先开展可再生能源就近消纳试点，为其他地区的可再生能源全额保障性收购积累经验。通知提出在加强电力外送、扩大消纳范围的同时，开展就近消纳试点，努力解决弃风、弃光问题。试点内容包括可再生能源在局域电网就近消纳（以可再生能源为主、传统能源调峰配合形成局域电网）、可再生能源直接交易（可再生能源供热、电能替代）、可再生能源优先发电权（优先发电权交易、利益补偿机制），以及其他鼓励可再生能源消纳的运行机制（如燃煤机组技术改造、需求侧响应）。

5.2 风电产业政策

2015年1月27日，国家能源局印发《国家能源局关于取消发电机组（含风电项目）并网安全性评价有关事项的通知》（国能安全〔2015〕28号），取消发电机组（含风电场、太阳能发电项目，下同）

并网安全性评价。国家能源局及其派出机构不再组织开展发电机组并网安全性评价工作。要求发电企业要加强发电机组并网运行安全技术管理，保证并网运行发电机组满足 GB/T 28566《发电机组并网安全条件及评价》等相关标准，符合并网运行有关安全要求。停止《发电机组并网安全性评价管理办法》（国能安全〔2014〕62 号）的执行。

2015 年 3 月 20 日，国家能源局发布《国家能源局关于做好 2015 年度风电并网消纳有关工作的通知》（国能新能〔2015〕82 号），公布了 2014 年度各省（区、市）风电年平均利用小时数，并就做好 2015 年风电并网和消纳工作提出了有关要求：各省（区、市）能源主管部门结合资源条件、区域电网运行现状对可再生能源并网运行提出考核性保障指标，构建起适应风电等可再生能源大规模并网的电力运行和调度体系，进一步规范风电项目建设前期工作的管理，引导开发企业扎实开展测风、资源评价等工作，协调有关部门及时落实项目建设选址、用地用海预审等项目核准条件，避免因风能资源评价不充分或土地、选址等建设条件不落实导致项目无法实施。国家能源局将依据各省（区、市）报送的风电并网运行指标对风电并网运行情况进行考核。

2015 年 5 月 15 日，国家能源局发布《国家能源局关于进一步完善风电年度开发方案管理工作的通知》（国能新能〔2015〕163 号）。风电年度开发方案是指根据全国风电发展规划要求，按年度编制的滚动实施方案。通知明确了国家能源局将不再统一下发带有具体项目的风电核准计划，为各省（区、市）能源主管部门确定年度建设规模的原则做出了三个梯度的规定。其中，不存在弃风限电情况的区域，每年由能源主管部门根据风电建设情况和风电发展规划，按照平稳有序发展的原则，自主提出本年度的开发建设规模；出现弃风限电问题的区域，须对本地区风电开发建设和并网运行情况进行深入分析评估，科学制定本年度风电开发建设的规模和布局，编制相关的分析评估报告，提出保障风电并网运行的措施和预计风电运行指标；弃风限电比例超过20%的地区，不得安排新的建设项目，且需研究提出促进风电并网和消纳的技术方案。国家能源局对各省（区、市）风电建设运行情况进行监测和考核，并定期公开发布关键指标。地方能源主管部门和电网企业要按有关要求落实责任，建立相应的信息统计和报送机制，及时反馈本地区风电开发建设和并网运行的有关情况。

2015年12月22日，国家发展改革委印发《关于完善陆上风电光伏发电上网标杆电价政策的通知》（发改价格〔2015〕3044号）， Ⅰ～Ⅳ类风资源区2016年的上网电价下调为0.47、0.50、0.54、0.6元/(kW·h)，2017年不调整，2018年为0.44、0.47、0.51、0.58元/(kW·h)，见表5-1。该调整方案于2016年1月1日开始执行。

表5-1 全国陆上风力发电上网标杆电价 元/（kW·h）

资源区	陆上风电标杆上网电价		各资源区所包含的地区
	2016年	2018年	
Ⅰ类资源区	0.47	0.44	内蒙古自治区除赤峰市、通辽市、兴安盟、呼伦贝尔市以外其他地区；新疆维吾尔自治区乌鲁木齐市、伊犁哈萨克族自治州、克拉玛依市、石河子市
Ⅱ类资源区	0.50	0.47	河北省张家口市、承德市；内蒙古自治区赤峰市、通辽市、兴安盟、呼伦贝尔市；甘肃省嘉峪关市、酒泉市
Ⅲ类资源区	0.54	0.51	吉林省白城市、松原市；黑龙江省鸡西市、双鸭山市、七台河市、绥化市、伊春市，大兴安岭地区；甘肃省除嘉峪关市、酒泉市以外其他地区；新疆维吾尔自治区除乌鲁木齐市、伊犁哈萨克族自治州、克拉玛依市、石河子市以外其他地区；宁夏回族自治区

续表

资源区	陆上风电标杆上网电价		各资源区所包含的地区
	2016 年	2018 年	
Ⅳ类资源区	0.60	0.58	除Ⅰ类、Ⅱ类、Ⅲ类资源区以外的其他地区

注 1. 2016、2018 年等年份 1 月 1 日以后核准的陆上风电项目分别执行 2016、2018 年的上网标杆电价。2 年核准期内未开工建设的项目不得执行该核准期对应的标杆电价。2016 年前核准的陆上风电项目但于 2017 年底前仍未开工建设的，执行 2016 年上网标杆电价。

2. 2018 年前如投资运行成本发生较大变化，国家可根据实际情况调整上述标杆电价。

5.3 太阳能发电产业政策

2015 年 1 月 9 日《国家认监委、国家能源局关于成立光伏产品检测认证技术委员会的通知》（国认证联〔2015〕5 号）发布，通知根据《国家认监委、国家能源局关于加强光伏产品检测认证工作的实施意见》（国认证联〔2014〕10 号）的要求，经对各有关单位推荐专家进行遴选，组建了光伏产品检测认证技术委员会，以协助对光伏产品检测认证工作中的技术问题进行研究、审议，并提出建议。

2015 年 1 月 26 日，国家能源局下发《国家能源局综合司关于征求 2015 年光伏发电建设实施方案意见的函》（国能新能〔2015〕44 号），根据全国光伏发电中长期规划、各省（区、市）太阳能资源、电力市场消纳和 2014 年光伏发电年度计划执行情况，提出了 2015 年光伏发电建设实施方案。2014 年，中国新增并网光伏发电项目 1052 万 kW，并未完成当年国家能源局制定的 1400 万 kW 目标。国家能源局在 2014 年发布诸多政策以推动分布式光伏的发展，但最终只完成了 252 万 kW 的分布式电站，离当年 800 万 kW 的目标相差甚远。

基于 2014 年中国光伏发电市场出现的一些问题，国家能源局光伏发电新政策中做出了下述主要调整，以完成 2015 年总体 1500 万 kW 的目标。

2015 年 1 月 29 日，国家能源局发布《关于征求发挥市场作用促进光伏技术进步和产业升级意见的函》（国能综新能〔2015〕51 号），提出实施“领跑者”专项计划。国家能源局将每年安排专门市场容量，实施“领跑者”计划，支持对光伏产业技术进步有重大引领作用的光伏发电产品应用。2015 年，“领跑者”先进技术产品应达到以下指标：单晶硅光伏电池组件转换效率达到 17%以上，多晶硅光伏电池组件转换效率达到 16.5%以上，转换效率达到 10%以上的薄膜光伏电池组件，以及其他有代表性的先进技术产品。国家通过组织光伏发电基地、新技术示范基地等方式组织实施。同时，对示范工程提出建设标准、技术进步及成本下降目标等要求，通过竞争性方式选择技术能力和投资经营实力强的开发投资企业，企业通过市场机制选择达到“领跑者”技术指标的光伏产品。自 2015 年起，中央财政资金支持的解决无电人口用电、偏远地区缺电问题以及光伏扶贫等公益性项目，所采用的光伏产品应达到“领跑者”先进技术产品指标。各级地方政府使用财政资金支持的光伏发电项目，应采用“领跑者”先进技术产品指标。

2015 年 3 月 16 日，国家能源局下发《国家能源局关于下达 2015 年光伏发电建设实施方案的通知》（国能新能〔2015〕73 号），规定 2015 年下达全国新增光伏电站建设规模 1780 万 kW。各地区 2015 年计划新开工的集中式光伏电站和分布式光伏电站项目的总规模不得超过下达的新增光伏电站建设规模，光伏扶贫试点省区（河北、山西、安徽、宁夏、青海和甘肃）安排专门规模用于光伏扶贫试点县的配套光伏电站建设。鼓励各地区优先建设以 35kV 及以下电压等级（东北地区66kV及以下）接入电网、单个项目容量不超过2万kW且所发电量主要在并网点变电台区消纳的分布式光伏电站项目，原则上单个集中式光伏电站的建设规模不小于3万kW，可以一次规划、分期建设。

2015年6月1日，国家能源局、工业和信息化部和国家认监委联合发布《关于促进先进光伏技术产品应用和产业升级的意见》(国能新能〔2015〕194号)，提出要提高光伏产品市场准入标准，实施"领跑者"计划，引导光伏技术进步和产业升级。意见明确指出2015年"领跑者"先进技术产品应达到的标准为：多晶硅电池组件和单晶硅电池组件的光电转换效率需分别达到16.5%和17%以上。

2015年12月22日，国家发展改革委印发《关于完善陆上风电光伏发电上网标杆电价政策的通知》（发改价格〔2015〕3044号），Ⅰ～Ⅲ类光资源区2016年上网电价调整为0.80、0.88、0.98元/(kW·h)，见表5-2。此前分布式光伏项目在项目备案时可以选择"自发自用，余电上网"模式，也可选择"全额上网"模式。本次调整之后，已按"自发自用，余电上网"模式执行的项目，在用电负荷显著减少（含消失）或供用电关系无法履行的情况下，允许变更为"全额上网"模式。

表5-2　全国光伏发电上网标杆电价　元/(kW·h)

资源区	光伏电站标杆上网电价	各资源区所包含的地区
Ⅰ类资源区	0.80	宁夏，青海海西，甘肃嘉峪关、武威、张掖、酒泉、敦煌、金昌，新疆哈密、塔城、阿勒泰、克拉玛依，内蒙古除赤峰、通辽、兴安盟、呼伦贝尔以外地区

续表

资源区	光伏电站标杆上网电价	各资源区所包含的地区
Ⅱ类资源区	0.88	北京，天津，黑龙江，吉林，辽宁，四川，云南，内蒙古赤峰、通辽、兴安盟、呼伦贝尔，河北承德、张家口、唐山、秦皇岛，山西大同、朔州、忻州，陕西榆林、延安，青海、甘肃、新疆除Ⅰ类外其他地区
Ⅲ类资源区	0.98	除Ⅰ类、Ⅱ类资源区以外的其他地区

注 1. 2016年1月1日以后备案并纳入年度规模管理的光伏发电项目，执行2016年光伏发电上网标杆电价。2016年以前备案并纳入年度规模管理的光伏发电项目但于2016年6月30日以前仍未全部投运的，执行2016年上网标杆电价。

2. 西藏自治区光伏电站标杆电价另行制定。

2015年9月30日，国家能源局下发《关于组织太阳能热发电示范项目建设的通知》，引发示范项目申报热潮，100余个光热发电项目提交申报材料，并公布各申报项目的申报电价。申报电价集中在1.18～1.25元/（kW·h）的区间内，最高申报电价为西藏某槽式项目申报的1.5元/（kW·h），最低申报电价为宁夏某槽式项目申报的1.05元/（kW·h）。光热电价有望与2016年正式出台，首批项目上网电价有望核定在1.24元/（kW·h）左右（包含补贴、税收）。

5.4 其他新能源产业政策

2014年底，国家能源局和环境保护部印发《国家能源局、环境保护部关于加强生物质成型燃料锅炉供热示范项目建设管理工作有关要求的通知》（国能新能〔2014〕520号），要求内容包括：一是加强生物质成型燃料锅炉供热示范项目燃料保障。生物质成型燃料破碎率不超过5%，水分不超过18%，灰分不超过8%，硫含量不超过0.1%，氮含量不超过0.5%。二是提高生物质成型燃料锅炉供热示范项目锅炉技术水平和排放要求。示范项目的烟尘、SO_2、NO_x排放浓度在分别小于30、50、200mg/m^3的基础上，进一步严格控制排放，达到或优于天然气的排放标准。三是大力推动有实力的大型企业投资建设生物质成型燃料锅炉供热示范项目。加快培育发展生物质成型燃料锅炉供热大型企业，发展壮大生物质能供热民营经济。四是加强生物质成型燃料锅炉供热产业体系建设。五是加强生物质成型燃料锅炉供热项目管理。各省（区、市）发展改革委（能源局）及环保厅（局）将生物质成型燃料锅炉供热纳入本地区防治大气污染总体部署、工作安排和考核体系中。

2015年1月，国家能源局印发《生物柴油产业发展政策》，提出要构建适合我国资源特点，以废弃油脂为主，木（草）本非食用油料为辅的可持续原料供应体系。该政策提出发展废弃油脂生物柴油产业的省份建成比较完善的废弃油脂回收利用体系，健全回收利用法律法规；初步建立能源作（植）物油料供应模式；探索优化微藻养殖及油脂提取工艺，实现微藻生物柴油技术突破。另外还要求，生物柴油生产企业必须配套建设完善可靠的原料供应体系；以废弃油脂为原料的生物柴油生产企业，应制订完善的废弃油脂供应方案，重点与省级生物柴油产业专项规划相衔接，与取得经营许可的废弃油脂供应单位签订中长期合同或协议，明确废弃油脂来源、数量；以油料能源植物为原料的，应配套建设相应规模的原料种植基地。此外，生物柴油产品收率（以可转化物计）达到90%以上，吨生物柴油产品耗甲醇不高于125kg、新鲜水不高于0.35m^3、综合能耗不高于150kg标准煤；副产甘油须回收、分离与纯化；“三废”达标排放。两年内仍达不到要求的生物柴油生产装置，应予以淘汰。鼓励京津冀、长三角、珠三角等大气污染防治重点区域推广使用生物柴油。鼓励汽车、船舶生产企业及相关研究机构优化柴油发动机系统设计，充分发挥生物柴油调合燃料的动力、节能与环保特性。

6 新能源发电热点问题分析

6.1 电力市场化环境下新能源消纳机制分析

6.1.1 电力体制改革新形势对新能源消纳的要求

2015年3月，国务院下发中央文件《关于进一步深化电力体制改革的若干意见》（中发〔2015〕9号，简称“中发9号文”）。“提高可再生能源发电和分布式能源系统发电在电力供应中的比例”是本次深化电力体制改革的基本原则之一。2015年3月下发的《关于改善电力运行调节促进清洁能源多发满发的指导意见》（发改运行〔2015〕518号）已经从统筹年度电力电量平衡，积极促进清洁能源消纳，加强日常运行调节，充分运用利益补偿机制为清洁能源开拓市场空间，加强电力需求侧管理，通过移峰填谷为清洁能源多发满发创造有利条件等方面对促进新能源消纳提出指导意见。同时，2015年12月1日我国出台的电力市场建设、交易体制改革、发用电计划改革等多份电力体制改革配套文件中也对新能源消纳有重要论述。

目前，国家出台的6份改革配套文件中与新能源消纳关系最密切的配套文件主要有2份，分别是《关于推进电力市场建设的实施意见》（简称《市场建设意见》）与《关于有序放开发用电计划的实施意见》（简称《计划放开意见》）。《市场建设意见》提出，选择具备条件地区开展试点，建成包括中长期和现货市场等较为完整的电力市场，在非试点地区按照《计划放开意见》开展市场化交易。

对改革文件中关于新能源消纳的提法进行归纳，可以看出，电力体制改革形势下我国新能源运行消纳存在两种方式：一是在非试点地区，新能源不直接参与电力市场，以优先发电的形式，继续保留在发用电计划中，同时也鼓励其参与直接交易，进入市场；二是在试点地区，新能源作为优先发电签订年度电能量交易合同，根据分散式市场或集中式市场等不同市场类型，按实物合同或差价合同执行。

6.1.2 我国新能源优先消纳机制探索及实践

(1) 东北电力调峰辅助服务市场。

根据火电机组调峰深度的不同，引入“阶梯式”浮动报价及分摊机制，火电企业可在不同档内自由报价，依照报价由低到高依次调用，最终按照各档实际出清价格进行结算。按照“多减多得、少减多摊”的原则，进一步提高了奖罚力度，以更高的补偿价格激励火电企业增加调峰深度；改变了只在火电机组内部进行补偿和分摊的模式，将风电、核电作为重要市场主体纳入调峰机制，实现风火、核火之间的互补互济。

(2) 新能源代替企业自备火电厂发电（风火发电权交易）。

新能源替代自备电厂发电是风火发电权交易的一种实施方式，在该情况下，自备电厂根据系统调度指令，在风电出力较大时段，降出力运行，根据计量关口统计的下网电量，由风电企业给予自备电厂一定经济补偿。2015年中国铝业兰州分公司自备电厂（3×30万kW火电机组）拿出6亿kW·h电量，与甘肃新能源企业做发电权交易，近百家风电场及光伏电站参与。部分新能源企业给出的报价超出甘肃的火电标杆电价［0.325元/（kW·h）］，6月的最高度电成交价达0.3556元/（kW·h）。

(3) 新能源参与大用户直购电。

以优惠的电价来吸引用电量大的工业企业使用新能源，交易价格、交易量由双方协商确定。2015 年甘肃省金昌市的 7 家光伏发电企业与 6 家大工业企业签订直接交易新能源消纳合同，计划新增消纳电量约 2.4 亿 kW•h。

(4) 新能源微电网。

根据风电、光伏及光热不同品种可再生能源电源出力的差异性，利用相互之间的互补性，合理配置规模，并合理配置和使用储能设施，使可再生能源集群式电源出力相对持续、稳定、可控。二连浩特新能源微电网示范项目初步规划区域拟涵盖锡盟的“一市五旗”即二连浩特市、苏尼特右旗、苏尼特左旗、镶黄旗、正镶白旗及阿巴嘎旗。规划共计 7 个集群式电源项目。规划目标年度为 2020 年，装机总规模 253.5 万 kW，其中，风电 182 万 kW，光伏 56.5 万 kW，光热 15 万 kW，配套储能设施 16 万 kW。

6.1.3 国外新能源消纳市场机制的经验

一是推动可再生能源发电由享受带补贴的优先发电向完全市场化逐步演变。2000 年，德国政府通过了《可再生能源法》（EEG-2000），该法案替代了 1991 年开始实施的《电力上网法》（StrEG），成为推动德国可再生能源发展的重要法律基础。EEG-2000 对输电网的义务做出规定，包括风电的强制入网及优先购买，输电商有义务购买可再生能源生产商生产的全部电量。同时，还对新能源发电的上网电价进行了规定，风电上网实行固定电价，输电商有义务根据《可再生能源法》规定的价格向可再生能源发电商支付固定电费。EEG-2000 此后共经历了 2004 年（EEG-2004）、2008 年（EEG-2009）、2011 年（EEG-2012）及 2014 年（EEG-2014）的四次修订，主要以削减可再生能源上网电价，推动可再生能源参与市场为要点。2014

年修订的可再生能源法（EEG-2014）中规定，可再生能源全面引入市场机制，主要反映在两个方面：**一是** 2014 年 8 月 1 日起所有 500kW 以上的新建设备，以及自 2016 年 1 月 1 日起所有 100kW 以上的新建设备，都必须采用直接市场竞价销售模式；**二是**引入招标机制，通过招标确定补贴额度，确定最低成本的可再生能源项目。对于采用参与市场的可再生能源发电，可再生能源发电商必须参与类似于常规电源的调度平衡组，从而在电力批发市场上售电，这将有助于缓解电网运行商的系统平衡压力，并激励可再生能源发电提供自身控制水平，更多地从市场中获利。

二是建立完备日前现货市场是新能源消纳的重要途径。现货市场主要开展日前、日内、实时的电能量交易和备用、调频等辅助服务交易，现货市场所产生的价格信号可以为资源优化配置、规划投资、中长期电力交易、电力金融市场提供一个有效的量化参考依据。一方面，现货市场是对所形成的中长期交易计划进行实物交割和结算的重要构成。另一方面，大规模新能源边际成本低，正是通过现货市场发挥优势的。在现货市场的作用下，新能源通过低边际成本自动实现优先调度，并且中长期交易通过现货市场交割，同时通过现货市场的价格信号引导发电主动调峰，优化统筹全网调节资源，有效促进新能源消纳。

三是灵活的日内交易产品设计是保证新能源发电参与电力市场交易的关键。德国电力现货中，日内交易 15 分钟产品的引入，保证了新能源在实时出力与日前预测出现偏差的情况下，能够迅速做出反应，参与日内市场交易，提升了新能源发电参与电力市场的意愿，保障了新能源在市场中的收益。随着更多间歇性新能源的大量接入，其在日内发电出力的不确定性会大大增强。日内市场的连续竞价模式，使得市场能够在很快的时间内（目前最短可达到 30 分钟）对新能源发电的波动性做出反应，为新能源参与市场竞争提供机制上的支持。

四是统一的透明的电力备用容量交易平台的建立，还原备用容量的商品属性，降低了新能源接入后的系统平衡成本。德国的电力备用市场中，将电力备用容量产品区分为主控备用容量、二次控制备用容量、分钟备用容量，还原了备用容量的商品属性，使得不同的电力备用服务的供应商能够根据自身的调节能力，参与到不同的备用容量产品的交易和竞争之中，降低了系统备用容量的配置成本和新能源接入后的系统平衡成本。

五是将辅助服务市场与日前市场和实时平衡相结合，采用补全支付、偏差惩罚等各类激励手段，调动各类机组参与实时平衡市场调节由风电等新能源波动带来系统不平衡的积极性。PJM将辅助服务市场与日前市场和实时平衡相结合，设计补全支付（make whole payment）、偏差惩罚等激励各类发电资源积极调整系统不平衡量，同时激励发电机组提高控制水平，降低实时运行偏差，减轻系统平衡压力。例如，若风电及其他发电资源的日前与实时发电偏离量超过5%或者5MW（两者取其大），则发电机组需要支付偏差费用。

6.1.4 我国可再生能源优先消纳机制设计建议

一是探索和完善提高系统灵活性的价格机制创新，包括市场化辅助服务补偿机制、用户侧分时电价、上网侧峰谷电价等。继续尝试电力辅助服务，完善东北电力调峰辅助服务市场，通过市场化辅助服务补偿机制，调动常规电源参与深度调峰的积极性；探索用户侧分时电价和上网侧峰谷电价，完善需求响应机制，推进电能替代，拓展清洁能源富集地区本地消纳；及早解决供热电厂盈利模式问题，释放热电厂灵活性。

二是完善适应清洁能源发展需要的电力运行机制。完善支持清洁能源优先消纳的运行调节手段，调整发电和送受电计划安排原则，在保障电网安全运行、电力可靠供应的前提下，放开对清洁能源优先调度的机制束缚；提高清洁能源优先调度的运行控制水平，定量评估各地区电网清洁能源消纳能力，精细化开展机组组合、经济调度、备用安排和实时控制。

三是尽快解决供热电厂盈利模式问题，释放热电厂灵活性。为满足供热需求，供热机组在冬季风电大发期开机方式大是影响新能源消纳的一个重要因素。优化系统机组组合方式的一个重要前提是解决供热与发电矛盾，实现热电解耦。因此，针对北方地区热电厂供热业务无法盈利，必须依赖发电保障收入的问题，要加快推进热电厂盈利模式改革创新，释放热电厂灵活性。

四是探索建立包含电量市场、辅助服务市场、跨省跨区交易市场等在内的多元化市场架构。**在市场架构设计中**，探索建立包括竞争性电量市场、跨省区的电力交易市场、辅助服务市场、容量市场等多元化的市场架构，为新能源和常规电源盈利提供充足的市场选择与空间，促进高比例新能源接入条件下的电力转型。**在具体市场规则设计中**，充分考虑新能源发电的波动性、不确定性、边际成本等特点，一方面通过合理的投资保障机制，调动各类型，尤其是灵活性较高的电源投资的积极性，保障电力系统长期的安全可靠运行；另一方面，通过运行阶段规则设计，如日前市场竞价、结算，日前市场与日内市场衔接、实时市场奖惩措施等，充分调动灵活性资源潜力。

6.2 “十三五”可再生能源补贴资金测算及疏导方式分析

6.2.1 补贴政策演变及征收发放情况

（一）可再生能源电价附加征收标准

迄今为止，我国可再生能源电价附加标准共历经四次上调，从每

1厘/（kW·h）提高到目前的1.9分/（kW·h）。2006年国家发展改革委确定的电价附加标准为1厘/（kW·h），在销售电价中附加收取。2008年7月1日将附加标准提高到2厘/（kW·h），2009年底调至4厘/（kW·h），2013年8月提高至1.5分/（kW·h）。2015年底，国家发展改革委发布《关于降低燃煤发电上网电价和工商业用电价格的通知》，将居民生活和农业生产以外其他用电征收的可再生能源电价附加征收标准提高至1.9分/（kW·h），以期满足第六批补助目录资金需求，即满足2015年2月以前并网项目需求，2015年2月以后并网项目补助资金尚未落实。

（二）补贴资金管理流程

2009年，在《可再生能源法修正案》中规定设立可再生能源发展基金，规定可再生能源电价高于常规能源发电上网电价的差额，由可再生能源电价附加补偿。2013年，财政部印发《关于分布式光伏发电实行按照电量补贴政策等有关问题的通知》对可再生能源电价附加资金管理方式进行调整。将之前通过省级财政部门按季预拨给省公司的方式，调整为由中央财政按季直接预拨给电网企业；在补贴结算方式上，由之前分两步支付（电网企业按月与发电企业按照脱硫燃煤标杆电价结算上网电费，待国家补贴资金到位后，再由电网企业转付给发电企业可再生能源发电补贴），改为电网企业按照清洁能源标杆上网电价与发电企业按月全额结算，由于提高了拨付效率，进一步加快补贴项目的资金回收速度。目前，在前五批补贴目录内的项目，国家电网公司按季申请资金，按时足额支付。

（三）补贴资金发放情况

自2012年开始，财政部公布了五批可再生能源电价附加资金补助目录，包括2013年8月之前建成投产项目，已累计发放补贴资金约1000亿元。2016年1月，财政部组织对2015年2月底前并网项目，申报第六批补助目录。初步测算，补助目录外的已投产项目补贴资金需求约460亿元。

6.2.2 “十三五”期间可再生能源补贴资金测算

（一）测算边界条件

按照国家能源局正在编制的《可再生能源“十三五”发展规划》以及太阳能、风电发电“十三五”发展规划，规划2020年光伏发电1.5亿kW，风电2.5亿kW。

发电利用小时数采用多年平均数据（风电1800h，光伏发电1200h、分布式光伏发电1100h，生物质发电4000h）。可再生能源附加征收电量按照全社会用电量剔除输配电线损电量、西藏售电量、农业生产电量、趸售线损电量等。

按照国家发展改革委规定，居民用电量部分按照1厘/（kW·h）征收。可再生能源接网工程按照比重为4.5%考虑。脱硫标杆上网电价按照2015年底全国平均0.3613元/（kW·h）计算。

风电和光伏发电标杆上网电价按2015年底最新调整的电价政策执行。光热发电由于没有出台标杆上网电价，且2020年发展规模不大，测算中暂不考虑。

（二）补贴资金需求

参照“十二五”调价幅度，光伏发电年均下调0.03元/（kW·h），风电年均下调0.02元/（kW·h），按照燃煤机组标杆上网电价不变测算，“十三五”期间补贴资金需求约6249亿元。若可再生能源电价附加征收标准保持0.019元/（kW·h），可征收约4400亿元，补贴资金缺口1852亿元，见表6-1。

表 6-1 "十三五"可再生能源补贴资金测算结果汇总

类别		2016 年	2017 年	2018 年	2019 年	2020 年	合计
补贴需求	风电	489	514	524	491	444	2463
	光伏发电	380	462	542	617	677	2678
	生物质发电	156	189	222	254	286	1108
	需求合计	1025	1165	1288	1362	1408	6249
征收总额		783	831	879	928	976	4397
资金缺口		**242**	**334**	**409**	**434**	**432**	**1852**

6.2.3 可再生能源补贴资金缺口疏导方式

为缓解补贴资金缺口，提出如下四种疏导方式：

一是可再生能源发展规模与补贴资金相协调。各省在上报年度新增建设规模计划时，结合上一年度补贴资金需求情况，确定新增建设规模。参考各省上报规模，能源局下达年度建设规模，财政部同步下达年度补贴资金规模。补贴资金不足的部分，由各省自行解决。

二是明确可再生能源上网电价动态调整机制。参考德国光伏发电与上网电价联动调整机制，"十三五"期间，根据可再生能源发电技术进步和成本下降情况，在保障产业发展基本收益率的水平下，结合年度可再生能源新增规模，建立可再生能源上网电价动态调整机制。按照光伏发电 2025 年上网电价与销售电价持平、2030 年平价上网的目标，明确逐年降低上网电价水平的具体标准。

三是上调可再生能源电价附加标准。为确保补贴资金能够支撑新能源规模增长，"十三五"期间电价附加征收标准需上调至 0.03 元/(kW·h)，并将征收范围扩大至居民生活和农业生产等全部用电电量。2020 年后，逐步下调电价附加水平；2030 年，光伏发电不再需要补贴。

四是调整补贴期限。目前，可再生能源发电项目补贴期限为 20 年。可以考虑对新建项目，根据其技术先进性和收益情况，未完成贷款还本付息前，所发电量按可再生能源上网标杆电价收购；完成贷款还本付息后，调整为按燃煤标杆上网电价收购，既保障项目业主的合理经济效益，又保证补贴资金的有效利用。

6.3 光伏扶贫工程相关问题分析

党中央、国务院高度重视扶贫工作，提出到 2020 年，农村贫困人口全部脱贫，贫困县全部摘帽。光伏扶贫作为扶贫工作的新途径，有利于促进贫困地区群众增收就业，拓展国内光伏应用市场，改善农村用能条件。2014 年底以来，国务院扶贫办、国家能源局出台多项文件，推进河北、山西、安徽等省份光伏扶贫试点；电网企业积极响应国家号召，认真贯彻落实国家有关政策，全力做好光伏扶贫并网服务工作，实施“国网阳光脱贫行动”。

6.3.1 光伏扶贫试点推进情况

（一）中央扶贫工作精神

2015 年 10 月，中国共产党第十八届五中全会审议通过了《中共中央关于制定国民经济和社会发展第十三个五年规划的建议》，规划提出到 2020 年，在我国现行标准下农村贫困人口全部脱贫，贫困县全部摘帽。

2015 年 11 月，习近平总书记在中央扶贫开发工作会议上发表重要讲话，要求确保到 2020 年所有贫困地区和贫困人口一道迈入全面小康社会，要坚持精准扶贫、精准脱贫，重在提高脱贫攻坚成效。

（二）国家光伏扶贫试点有关情况

2014 年，国务院扶贫办、国家能源局提出开展光伏扶贫，作为发展生产脱贫方式之一，利用贫困地区丰富的光能资源，通过建设光伏发电项目，将政府投入和村土地等资产折成股份，量化分红到村到户，让贫困户和贫困村集体有长期、稳定、可持续的资产性收入。

2014 年 10 月，国家能源局、国务院扶贫办联合印发《关于实施光伏扶贫工程工作方案》（国能新能〔2014〕447 号），计划用 6 年时间实施光伏扶贫工程。11 月，印发《关于组织开展光伏扶贫工程试点工作的通知》（国能新能〔2014〕495 号），提出在河北、山西、安徽、甘肃、青海、宁夏 6 省（区）37 个县开展试点。

2015 年 2 月，国务院副总理汪洋主持召开会议，学习贯彻习近平总书记在云南考察时关于扶贫工作的重要讲话精神，听取了国家能源局光伏扶贫工作汇报，并提出工作要求。5 月，国务院扶贫办发布新一版光伏扶贫首批试点县名单，试点省（区）增加了内蒙古、云南的 11 个县。

6.3.2 需要关注的问题分析

通过对宁夏、山西、安徽等省光伏扶贫试点的调研，认为以下问题值得关注：

（1）在商业模式方面，目前村集体光伏电站采用整村建设、按户分配收益的模式，可有效发挥扶贫作用，但是户用光伏扶贫项目的商业模式仍需进一步优化完善。

村集体光伏电站采用整村建设、按户分配收益的模式，可保障光伏扶贫的精准性、长期性、有效性。村集体电站多采用扶贫资金建设，村集体拥有项目产权，可将项目发电收益按户分配给贫困户。该种模式下扶贫作用较好，一方面，村集体电站相对集中，维护难度和成本低，利用小时数更高，寿命也更长，可带来更高的项目发电收益；另一方面，随着贫困户的陆续脱贫，这部分贫困户不再需要扶贫，村集体电站模式下，发电收益归村集体所有，更容易将原先扶持这部分贫困户的资金用于其他扶贫用途，保障精准扶贫。

各地探索适合本地的户用分布式光伏项目商业模式，但现有部分模式下贫困户收益较少或长期收益存在不确定性。安徽省金寨县户用项目多利用屋顶或者庭院建设，对于不具备屋顶或庭院条件的，按照村级光伏电站选址条件，以集中联户、以村带户等方式建设，按户分配收益。项目资金采取扶贫资金安排、项目建设单位支持、贫困户自筹各 1/3 的方法筹资。其中，贫困户自筹部分可通过直接出资、发电收益返还、扶贫小额贴息贷款等方式解决。贫困户收益来自发电收益，项目正常运行情况下每年约为 3000 元。**山西省临汾县**贫困户屋顶承重能力相对较差，多采用整村集中建设、按户分配收益的方式。项目建设资金主要来自扶贫资金，部分由建设主体自筹，作为项目质保金。贫困户按照 3000 元/年的标准获得补助。**宁夏永宁县项目**位于移民新村，具有贫困户聚居程度高、屋顶承重条件好等特点，建设条件好。由于目前财政资金尚未到位，暂由项目业主全额垫资建设，并按照 400 元/年的标准向贫困户支付屋顶使用费。自治区根据实施情况奖励项目业主地面电站指标。

（2）在配套政策方面，户用分布式光伏项目拟参照光伏电站享受固定上网电价，存在可再生能源补贴资金下拨拖后问题，影响扶贫效果，为实现按时转拨，电网企业长期垫付压力较大。

贫困户自身用电量较小，从收益最大化角度出发，多采用电量全部上网模式，拟享受光伏电站固定上网电价，需纳入可再生能源补贴资金目录。但是，即使户用分布式光伏项目规模小，仍要参照光伏电站流程和要求，申请进入可再生能源补贴目录，相对来说流程复杂、时间较长，通常超过 1 年。此外，由于近年来可再生能源电量增速远高于全社会用电量增速，可再生能源补贴存在“寅吃卯粮”现象，入不敷出，累计缺口已超过100亿元，未来将进一步扩大。上述原因导致可再生能源补贴资金下拨缓慢，电网企业难以及时将补贴资金转拨贫困户，影响光伏扶贫的实际效果。为使得贫困户更快获得补贴，目前安徽金寨等电网企业垫付可再生能源补贴资金，但长期来看面临资金压力。以安徽省为例，按照实施方案测算，2015年底全省需建成光伏扶贫项目16.8万kW，按照年均1000h计算，如果全由电网企业垫付，需垫付补贴9800万元；至2020年，光伏扶贫规模将达96万kW，每年需垫付补贴5.6亿元，远远超过扶贫县公司的资金能力。

(3) 在规划运行方面，部分试点县未兼顾电网规划和建设特点，规划目标过高，超过县域电网消纳能力，增加安全运行风险，降低社会整体经济效益。

一是超过县域电网消纳能力。**在规划阶段，**目前部分地方政府对光伏扶贫工作积极性很高，政策支持力度很大，制定了较高的规划目标，未统筹电网规划，超过县域电网消纳能力。以安徽省金寨县为例，2015年金寨县实际可消纳新增发电项目装机容量14万kW，2017年37万kW；而2015年规划新增光伏56万kW，2017年底新增光伏、风电等新能源高达223万kW（均为较2014年底增加值）。**在建设阶段，**光伏扶贫项目备案和建设速度快，不超过半年，但是配套电网工程采用核准制，审批和建设进度要明显长于光伏扶贫项目。如果在规划阶段未做好有效衔接，实现同步投产的难度较大，也不利于光伏发电的有效消纳。

二是加大县域电网运行风险。随着电源接入装机不断增加，加上多种因素影响下用电需求的逐年下降，使得原来的受端电网变成送受电混合电网，给电量消纳和运行管理带来很大风险。以安徽省金寨县为例，呈现白天送出、夜晚受进的特点，截至目前，2015年最大送出电力21万kW，最大受进电力5万kW。部分时段居民用户电压已达到260V，村级光伏电站并网点电压达到450V，远超电能质量国家标准要求，已出现成片地区家用电器损坏、光伏逆变器频繁强制退出等问题。

三是降低社会整体经济效益。在电网改造成本方面，由于历史原因，县域电网网架薄弱，自动化水平较低，难以适应大规模光伏接入，需要加大改造投入。目前国家电网公司积极推进农村电网升级改造，支撑光伏扶贫项目接入。6个试点省份电网配套投资保守估计约为10.2亿元。**如果局部地区规模过大，单位装机容量的配套电网改造成本将大大增加**。**在电力系统损耗方面**，光伏扶贫项目多接入380V电压等级，由于本地难以消纳，需要通过连续升压外送然后在外地降压消纳。相比传统电源发电，增加了升压外送带来的电网损耗。以安徽省金寨县为例，未来金寨县光伏所发电力需要通过公用电网层层上送至500kV皋城变电站，再外送至其他县市，并经层层降压，才能完全消纳。根据测算，光伏发电外送消纳的损耗高达25%，折算成终端用户用电成本达1.33元/（kW•h），社会整体经济效益明显降低。

（4）在运维管理方面，户用分布式光伏项目运维保障难度较大，不利于项目长期高效发电。

户用光伏扶贫项目具有数量多、分布广、交通条件差等特点，运维难度大；贫困户不具备基本的运维能力，必须依托专业化公司进行运维管理。因此，需要建立有效的激励政策、资金来源和管理规范，并调动用户参与积极性，保障长期有效的后期运维，确保国家资金和社会成本投入的有效性。

6.4 海上风电技术经济特性及发展前景分析

6.4.1 海上风电发展现状

全球海上风电装机增速较快，主要分布于欧洲地区，亚洲市场刚刚起步。2005—2015年，全球海上风电装机容量由71万kW增长到1211万kW，增长了14.8倍，年均增速32.9%，是陆上风力发电装机增速的1.4倍。2005—2015年全球海上风电装机容量见图6-1。

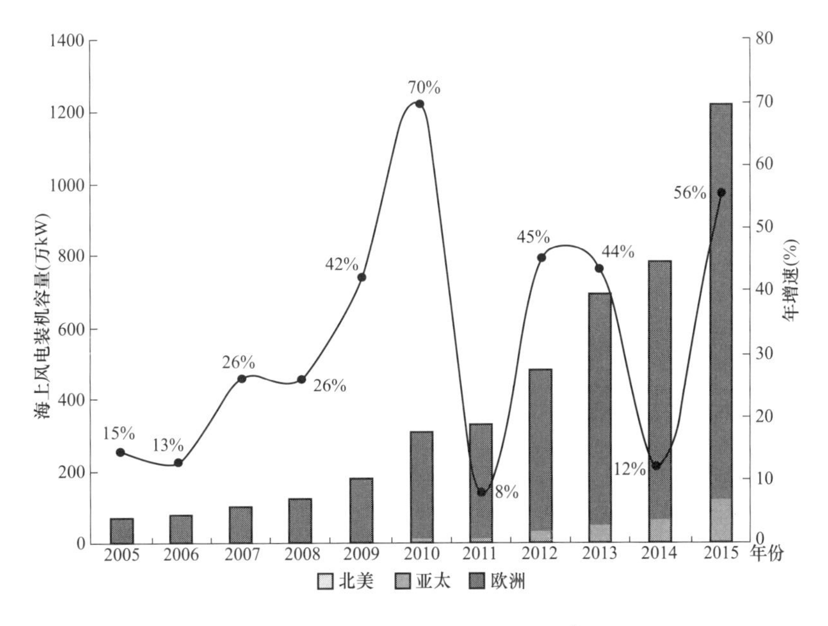

图6-1 2005—2015年全球海上风电装机容量

截至2015年底，海上风电累计装机容量占世界风电总装机容量的2.8%；2015年新增装机容量338万kW，占世界风电新增装机容量的5.4%。目前超过90%的海上风电装机位于欧洲，其他的示范项目位于中国、日本、韩国和美国。截至2015年底，海上风电装机容量排名前五位的国家依次为英国（506万kW）、德国（330万kW）、丹麦（127万kW）、中国（102万kW）、比利时（71万kW）。2015年全球海上风电装机占比见图6-2。

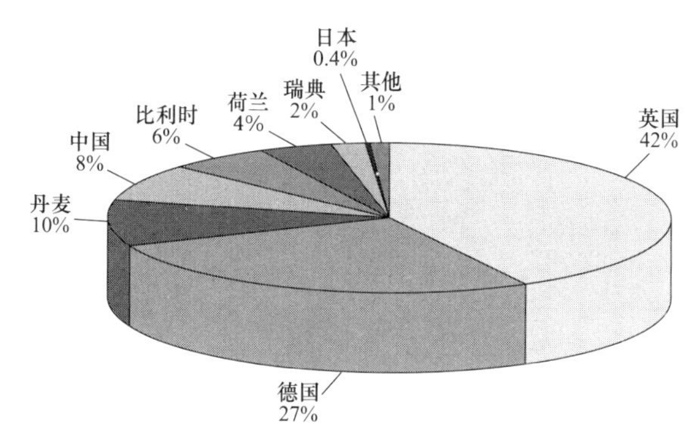

图6-2　2015年全球海上风电装机占比

6.4.2　海上风电出力特性

由于海面风速相对于陆地更为平稳，海上风电出力特性与陆上风电存在一些差异。以2015年丹麦电网海上风电和陆上风电全年8760时段的发电出力为案例进行分析。

（一）年出力特性

海上风电和陆上风电出力的年特性较为趋同，基本呈现出冬春季节出力大、夏秋季节出力小的特点，但海上风电逐月出力较为平稳，特别是夏季较陆上风电出力水平高，见图6-3。

（二）出力分布特性

陆上风电出力低于装机容量20%的概率达到47%，全年出力超过装机容量90%的概率为0，出力超过70%的概率也仅为0.06%。海上风电出力分布较为均匀，低于装机容量20%的概率达到28%，全年出力超过装机容量90%的概率为0.05%，出力超过80%的概率达到23%。2015年丹麦电网陆上和海上风电出力特性对比见图6-4。

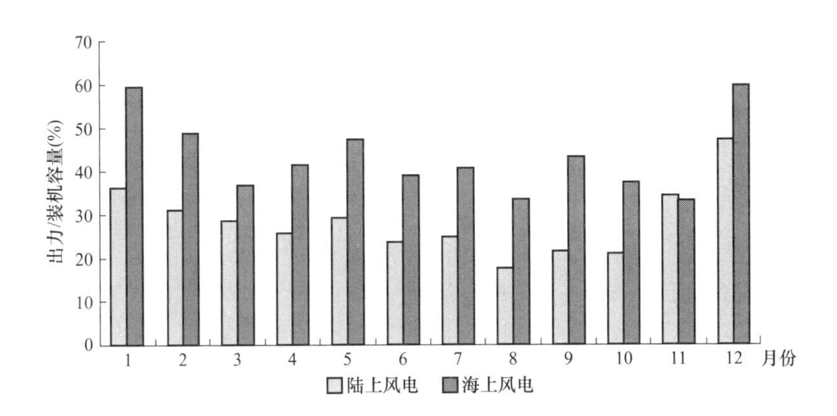

图 6-3 2015 年丹麦电网陆上和海上风电出力的年分布特性对比

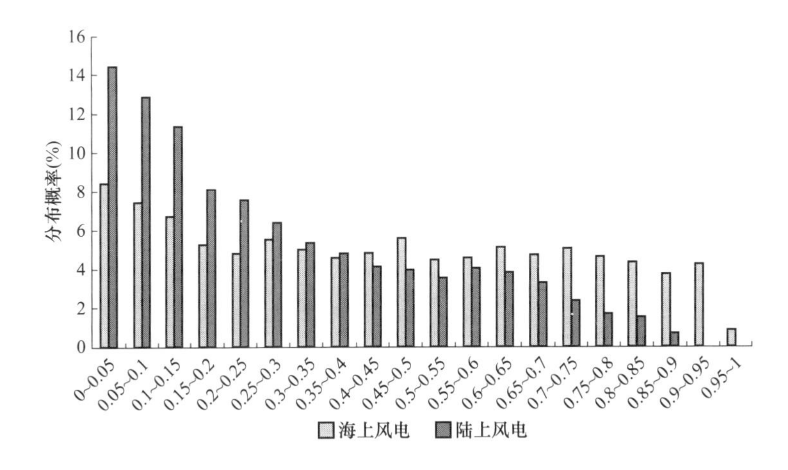

图 6-4 2015 年丹麦电网陆上和海上风电出力分布特性对比

（三）出力波动性

一般而言，由于海面风速平稳，海上风电出力波动幅度总体上小于陆上风电。丹麦电网 1 小时级海上风电出力波动幅度大部分在风电装机容量的±20%区间；考虑到丹麦电网陆上风电出力的平抑作用，2015 年丹麦陆上风电出力波动幅度反而小于海上风电，波动幅度在±15%区间，见图 6-5。

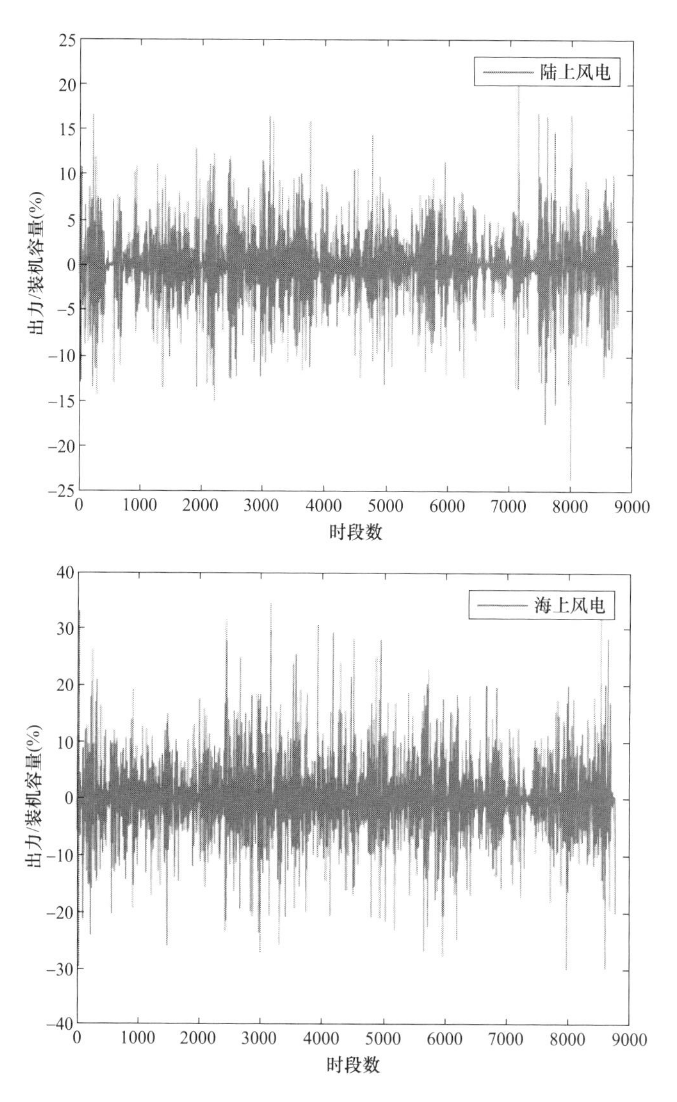

图 6-5 2015年丹麦电网陆上和海上风电出力波动性对比

（四）高峰时段出力容量置信度

负荷高峰时段海上风电出力容量置信度相对较高。取中午高峰和晚高峰时段的风电出力进行分析。在90%的概率下，海上风电出力接近装机容量的10%，陆上风电仅为5%左右；70%概率下，海上风电出力达到装机容量的20%，陆上风电仅为10%左右，见图6-6。

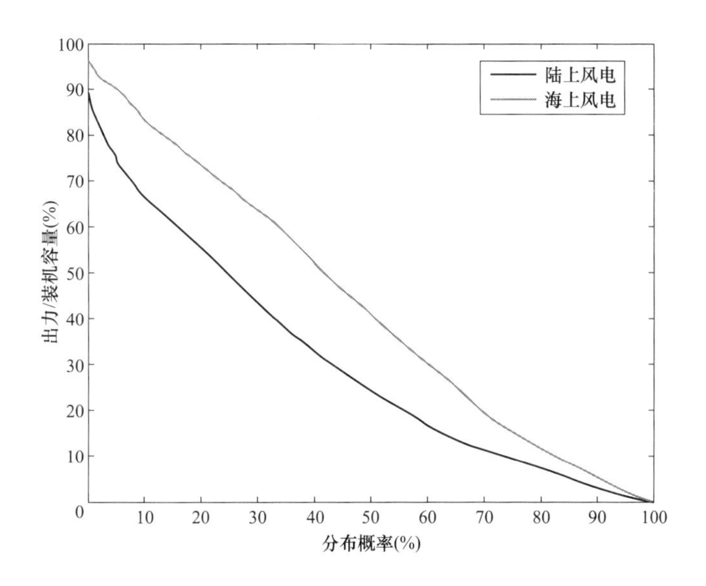

图6-6 丹麦电网陆上和海上风电容量置信度对比

6.4.3 海上风电经济性分析

海上风电的开发成本仍然较高，平均投资成本约为陆上风电的2.8倍，经济性尚待提高。2015年，海上风电的平均投资成本约4700美元/kW（折合人民币28 871元/kW），中国约为2400美元/kW（折合人民币14 743元/kW），而同期的全球陆上风电场单位投资成本为1280～2290美元/kW（折合人民币7863～14 067元/kW），平均为1780美元/kW（折合人民币10 934元/kW）。随着海上风电项目逐步向更远的外海转移以及选址的复杂性，海上风电项目的初始投资成本进一步提高。与陆上风电相比，海上风电投资成本构成中风机系统仅占50%左右，但建设安装和并网成本占47%，约为陆上风电的1.7倍，见图6-7。

度电成本方面，现有大部分海上风电项目的度电成本为0.16～

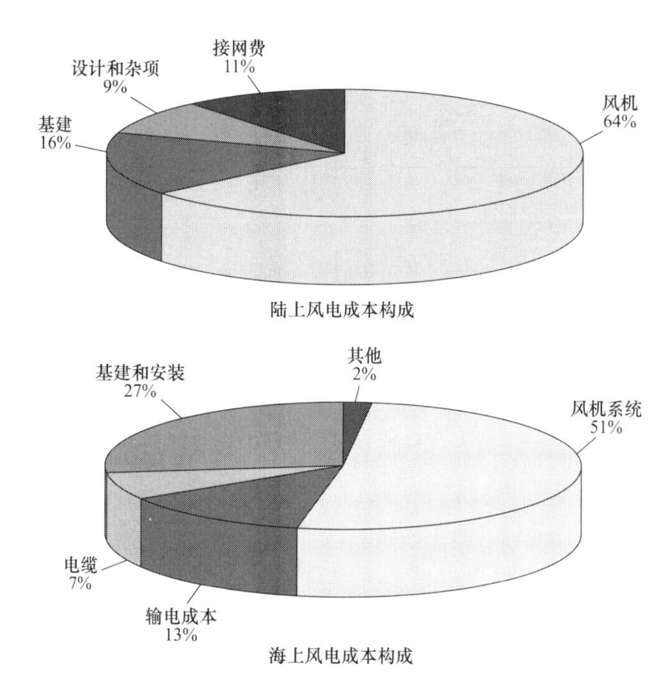

图 6-7 陆上和海上风电成本构成示意

数据来源：IRENA 。

0.23 美元/（kW•h）[1]［折合人民币 0.98～1.41 元/（kW•h)］，远高于煤电、气电和陆上风电的度电成本，见图 6-8。

6.4.4 海上风电发展前景分析

（一）发展影响因素分析

与陆上风电相比，海上风电风能资源的能量效益比陆上风电场高 20%～40%，还具有风速高、沙尘少、利用小时数高、适合大规模开发等优点。**但技术不成熟、开发模式单一、成本较高是制约目前海上风电大规模发展的关键因素**。

从技术因素看，风机大型化、建设技术突破将是海上风电技术的发展方向。目前，全球海上风电的主流机型为 4～5MW，见图 6-9。

[1] 数据来源：BNEF。

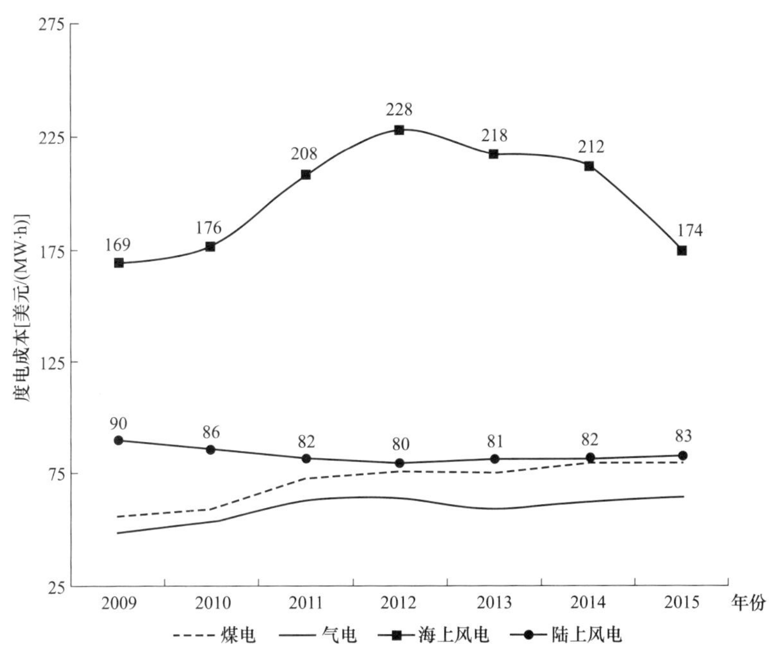

图 6-8 2009—2015 年全球海上风电的度电成本

预计到 2030 年，20MW 的海上风机将实现商业化应用。未来海上浮动风机技术、波浪能发电与海上风电联合建造技术的发展，有望在海上风电建造技术方面取得重要突破。

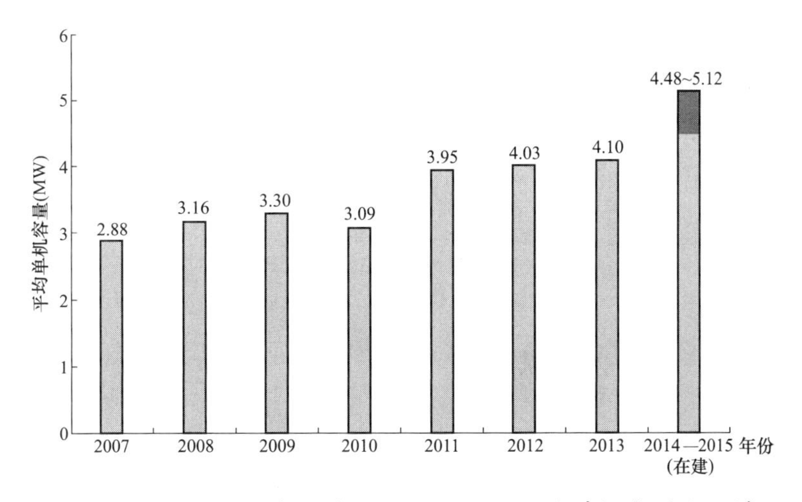

图 6-9 2007—2015 年全球海上风电场的平均单机容量变化情况

从开发模式看，未来海上风电将向深海、远岸、大基地方向发展。目前，海上风电开发主要集中在近海，水深约 10m，离岸 10km 左右，见图 6 - 10。未来随着深海域海上风电建造技术的发展，预计到 2025 年，海上风电平台的水深将超过 60m，离岸距离最大将超过 100km，基地式集中连片开发将逐步成为海上风电的主流开发模式。

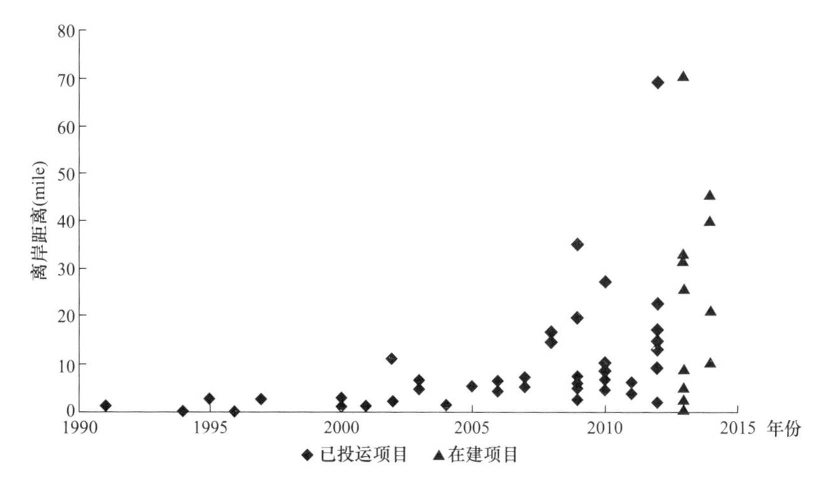

图 6 - 10　1990—2015 年全球海上风电场的离岸距离变化情况

注：离岸距离单位为 mile（英里），1mile＝1609. 344m。

从成本趋势看，技术进步和大规模开发将驱动海上风电成本明显下降。预计到 2030 年，海上风电将普遍实现平价上网，度电成本比目前下降 40%左右，达到 0. 6 元/（kW•h）左右，具备较强的市场竞争力。

（二）各地区发展预测分析

预计到 2020 年，海上风电的开发以近海资源开发为主，全球的累计装机容量将突破 4000 万 kW，重点布局在欧洲和东北亚地区。2020—2030 年将是海上风电市场高速发展的阶段。到 2030 年，全球海上风电的累计装机容量将突破 1 亿 kW，开发有望较当前水平下降 37%；2030 年之后，深海海域的资源开发和多种发电类型的联合发电系统将逐步成为海上风电技术发展的方向，海上风电将逐步发展成为风能资源开发的重要补充。

从地区发展上看，欧洲将在相当长的时间内保持全球海上风电发展的领先地位；东北亚地区将在全球风电市场上占有重要的一席，中国有望在2020年成为全球海上风电第一大国；北美地区的起步较晚，2020年前将主要处于市场启动阶段。2005—2015年，英国海上风电快速增长，年均增速达到了37.3%，预计到2020年英国海上风电装机容量达到1000万kW以上。近年来，德国海上风电高速增长，2000—2015的年均增速达到了93.3%，预计到2020年德国海上风电将达到1500万kW。我国海上风电累计装机容量已升至全球第四位，预计到2020年我国海上风电将达到1200万kW。美国东北部地区有可能成为美国海上风电开发的重点，原因主要有两方面，一方面是大西洋沿海大陆架坡度较缓，水深较浅，海上风电的开发成本低风险小；另一方面是经济原因，东北部经济发展快，人口多用电负荷大，现有的电价水平较高。

6.5 中国垃圾发电发展现状和前景分析

6.5.1 垃圾发电的发展现状

作为世界第一人口大国，随着工业化和城市化进程的不断推进，中国成为垃圾“资源”大国。据《中国城市建设统计年鉴》（2013）的数据，2013年全国城市生活垃圾年清运量达到17 238.58万t。目前全国600多座大中城市中，有2/3陷入垃圾的包围中，且有1/4的城市已经没有合适场所堆放垃圾，北京、上海、广州等人口超千万的大城市“垃圾围城”的境况更为严重。北京每天产生生活垃圾约1.86万t，焚烧处置比例低于1/3，上海、广州生活垃圾日清运量分别达2.0万t和1.8万t，垃圾处理能力增长也远低于垃圾产生速度。

随着中国“垃圾围城”的现象越来越严重，垃圾焚烧发电项目在各城市纷纷上马。垃圾焚烧发电作为固废处理和余热利用的典型形式，属于国家政策明确支持的资源综合利用项目。目前垃圾发电适用的国家相关政策较为明确，合规操作的项目，经济性可以得到保障。

从能源利用角度看，垃圾焚烧发电总量增长迅速。2009年，垃圾焚烧发电被正式纳入电力统计体系范畴，2009—2014年，垃圾焚烧发电装机容量从130万kW增长到359万kW，年均增速23%，全年发电量从67.48亿kW•h增长到176亿kW•h，年均增速21%。

从温室气体减排角度看，加快垃圾发电市场发展将对减少温室气体排放产生积极作用。根据对2009年前我国已实施的垃圾焚烧发电CDM项目统计结果，垃圾焚烧发电1MW装机容量可实现4862t的年二氧化碳减排量，火电超超临界机组项目仅为224t/MW，而其他可再生能源发电CDM项目减排效果也均低于垃圾焚烧发电项目，如风电的二氧化碳减排量为233t/MW，水电的为3375t/MW。2014年7月，国家发展改革委发布《国家重点推广的低碳技术目录》（征求意见稿），生活垃圾焚烧发电技术被纳入其中，预计未来五年投资额达到260亿元，在目录所有34项技术中位居第三。

6.5.2 垃圾发电面临的主要问题

我国的垃圾发电行业已迎来蓬勃发展的阶段，但发展中主要存在以下几个方面的问题：

(1) 上网电价政策在部分地方没有得到有效执行。虽然国家发展改革委下发的《关于完善垃圾焚烧发电价格政策的通知》（发改价格〔2012〕801号）规定“以生活垃圾为原料的垃圾焚烧发电项目，执行全国统一垃圾发电标杆电价每千瓦时0.65元”，但是由于大部分项目是垃圾处理管理部门和项目公司以特许经营协议的方式约定了电价调整收益的分配方式，实际上垃圾发电的电价利好不一定能够体现为企业的收益，有些成为政府垃圾处理费用的补充。

(2) 每吨生活垃圾上网电量的折算标准有待进一步论证调整。国家发展改革委下发的《关于完善垃圾焚烧发电价格政策的通知》规定“以生活垃圾为原料的垃圾焚烧发电项目，均先按其入厂垃圾处理量折算成上网电量进行结算，每吨生活垃圾折算上网电量暂定为280kW•h，并执行全国统一垃圾发电标杆电价每千瓦时 0.65 元；其余上网电量执行当地同类燃煤发电机组上网电价”。该规定自 2012 年 4 月 1 日起执行。随着经济发展、人民生活水平的提高以及新式压缩式垃圾运输车的投入使用，垃圾渗滤液含量的降低使得入炉垃圾热值提高，280kW•h 的折算标准已不适合现阶段经济较发达地区的实际情况。江苏、浙江、广东省等不少城市的垃圾焚烧发电厂的每吨垃圾实际上网电量普遍在 280～310 kW•h 之间，企业和垃圾处理主管部门普遍提出调高折算标准的希望。

(3) 行业缺乏统一的标准规范。目前，国家对垃圾焚烧发电企业的各种排放物均有明确的国家标准，但对垃圾焚烧技术和设备选型、工艺流程设计、安装调试、运行管理、环保耗材的使用、垃圾焚烧发电项目配套设施建设、政府对垃圾焚烧企业的监测和监管、民众参与监管等方面无统一的标准和规范，造成垃圾焚烧行业标准不一，管理无序，集中体现在招标项目投标时，出于企业的各项标准不同报出的价格差异大，不能形成充分有效的竞争。我国生活垃圾焚烧技术的研究和应用起步相对较晚，针对生活垃圾发电行业的技术和管理的规范和标准相对缺乏，垃圾焚烧建设、设计、运行、检修维护等方面知识只能参考已建工程和套用火电厂等类似电厂和工程建设的经验，缺乏完整、成熟、系统的技术规范，存在标准选用不一致、项目整体协调性差、设计理念和设计方法参差不齐、设计安全要求与实际安全风险存在较大差距等诸多问题。这在很大程度上影响了垃圾发电项目的安全性和公众的信任度，制约了行业的健康发展。

（4）各相关部门之间的协调机制尚未形成。垃圾发电行业在管理体制方面由于行业的特殊性，涉及地方政府管理的部门较多（如环卫、环保、电力、安监、税务、消防、发改等）。在主管部门上，垃圾发电项目的主管部门均为当地的市政管理机构，具体为当地的城市管理局、市容市政管理局、公用事业管理局、建设局、环卫局等。由于我国垃圾发电行业还处于发展初期阶段，国家对垃圾发电行业的法律法规制定和机构设置还处于建立健全的过程中，政府管理部门在日常管理或落实产业政策时，为实现全面、有效的监管和规避管理漏洞的风险，需要其他管理职能部门的协同监管或审核，一些必要的交叉管理客观存在，给行业发展造成了一定的影响。

（5）特许经营制度需要进一步完善。现有的垃圾焚烧发电项目通常是由市（县）政府授权行业监管部门（如市公用事业管理局、环保局、城管局）与投资人签署特许经营协议，明确双方权利义务。但在实践中，由于整个行业处于发展阶段，对于在特许经营期内出现的监管问题、考核问题、授权方退出机制问题还在摸索和总结经验阶段，特许权协议的约定内容不完整、不清晰或者缺乏可操作性。

6.5.3 垃圾发电的发展趋势

进入“十三五”期间，随着全国生活垃圾产生量持续增长以及垃圾焚烧处理的比例进一步提高，垃圾焚烧发电有望延续“十二五”期间快速发展的态势，项目投运数量将持续快速增长。

根据联合国经济和社会事务部《世界人口展望：2012 年修订版》中低出生率情景预测，到 2020 年中国人口总量将达 14 亿，按目前人均生活垃圾产量 1.3kg/d 计算，届时全国生活垃圾产量将达到 1820×10^3 t/d，假设 2020 年中国生活垃圾无害化处理率达到 85%且垃圾焚烧处理方式占无害化处理的比例达到 40%，则全国垃圾焚烧处理能力将

达到 618×10^3 t/d，较 2013 年末的 158.5×10^3 t/d 增长 290%，吨垃圾焚烧发电量计为 280kW·h，年发电量将超过 632 亿 kW·h。初步估算，2020 年中国垃圾焚烧发电量将达到约 630 亿 kW·h。

到 2030 年，中国人口总量按照低出生率情景预测较 2020 年减少到 13.77 亿，人均生活垃圾产量仍按照当前 1.3kg/d 水平估算，则全国生活垃圾总量达到 1790×10^3 t/d。假设到 2030 年中国生活垃圾无害化处理率达到 95%且垃圾焚烧占比达到 50%，则全国垃圾焚烧处理能力将达到 850×10^3 t/d，较 2020 年增长 29.65%，吨垃圾焚烧发电量提升至 300kW·h，年发电量达 931 亿 kW·h，占全部发电量的比例保持在 0.8%左右。中国垃圾发电趋势预测见表 6-2。

表 6-2 中国垃圾发电趋势预测

年份	无害化处理量（$\times10^3$t/d）	垃圾焚烧处理占比	垃圾焚烧处理能力（$\times10^3$t/d）	垃圾焚烧规模年复合增长率（%）	垃圾焚烧年发电量（亿 kW·h）
2015	871.49	35%	307.15	32.1	313
2020	1547	40%	618.8	15.0	632
2030	1700	50%	850.30	3.3	931

6.6 德国可再生能源限电现状研究和经验分析

6.6.1 现状研究

德国是全球范围内可再生能源开发和并网运行的典范。从 2000 年开始德国可再生能源在电源结构中的占比逐步提高，给德国电网安全运行、电力市场运营带来了技术经济挑战，需要采取多种措施共同解决，例如升级改造输电网和配电网，进一步完善国家电网规划、灵活性资源开发，以及能源监管框架等。

根据欧盟法律[1]，在保障电网安全前提下德国可再生能源享有优先上网的权利。但是，有些时段为保障电网安全运行，并不是所有包括风电、光伏发电等具有优先上网等级的电源都能够全额接纳。因此当达到电网安全极限时，可再生能源弃电是必要的。欧盟指令要求欧盟各成员国保证各国可再生能源开发目标完成，尽量减少弃电。根据德国电力市场法律和可再生能源法[2]，可再生能源并网享有优先权，这些法律与欧盟相关法律也是一致的。系统运营商采取必要措施保障可再生能源能够顺利并网，仅允许在特殊条件下弃电，例如电网输送容量不足、电网安全受到威胁等。除了可再生能源法，能源工业法同样要求进一步规范并网运行管理接纳可再生能源。

可再生能源弃电受德国网络局监管。根据德国网络局公布的2015年电网监管报告显示[3]，2014年德国可再生能源弃电率达到1.16%，创下历史最高水平，这一数值虽然仍处于较低水平，但比2013年0.44%的水平已经提高了3倍，而2009年的数值仅为0.1%。与其他国家一致，德国弃电主要是风电，其次是光伏发电、生物质发电等，见图6-11。

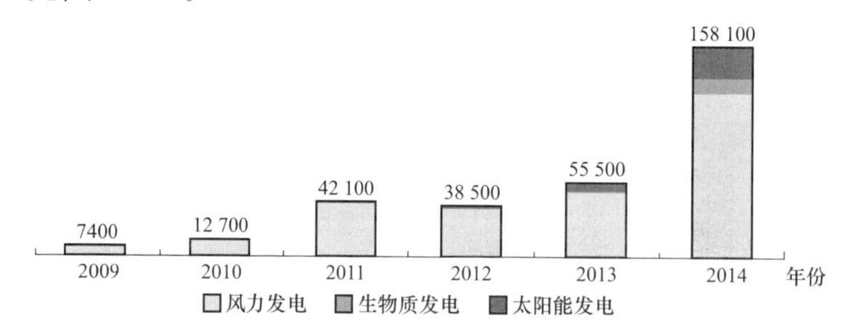

图6-11　2009—2014年德国可再生能源弃电情况（单位：万kW·h）

---

[1] European Directive 2009/28/EC。

[2] Renewable Energy Sources Act EEG 2014 and 2017。

[3] Monitoring Report 2015，German Network Agency/ Bundesnetzagentur (BNetzA) and Bundeskartellamt，Nov 2015。

德国可再生能源弃电产生的主要原因是电源和负荷分布不一致性。在德国，风电主要分布在人烟相对稀少的北部和东部地区，而德国电力负荷中心分布在人口较稠密的德国南部地区。根据德国弗劳恩霍夫研究院的研究显示[1]，在德国北部地区，弃风问题已经愈演愈烈，一些地区（例如石勒苏益格—荷尔斯泰因地区）的弃风率已经高达8%。

德国可再生能源弃电主要发生在配电网。据德国联邦政府经济事务和能源部门最近所组织的一份研究显示，在2012年，德国可再生能源弃电98%发生在配电网，仅2%发生在输电网[2]。

2015年德国输配电网中可再生能源弃电量地区分布见表6-3。

表6-3 2015年德国输配电网中可再生能源弃电量地区分布

联邦州	输电网弃电量		配电网弃电量	
	弃电量（GW•h）	占比（%）	弃电量（GW•h）	占比（%）
勃兰登堡	31 486	91.7	37 447	8.6
石勒苏益格—荷尔斯泰因	2363	6.9	305 511	69.8
梅克伦堡—前波莫瑞	447	1.3	26 027	5.9
汉堡	27	0.1	—	0.0
下萨克森	—	0.0	42 894	9.8
萨克森—安哈尔特	—	0.0	13 038	3.0
图林根	—	0.0	7274	1.7

[1] Report on connectable loads/ Gutachten zu zuschaltbaren Lasten，Stiftung Umweltenergierecht/ Fraunhofer ISI，Feb 2016。

[2] Modern distribution grids for Germany，E-Bridge Consulting GmbH，Sep 2014 (Verteilernetzstudie，BMWi，2015)；see also：Germany's Wind and Solar Deployment 1991-2015：Facts and lessons learnt，Institute of Energy Economics at the University of Cologne (EWI)，Oct 2015。

续表

联邦州	输电网弃电量		配电网弃电量	
	弃电量（GW•h）	占比（%）	弃电量（GW•h）	占比（%）
北莱茵—威斯特法伦	—	0.0	2616	0.6
萨克森	—	0.0	1138	0.3
巴登—符腾堡	—	0.0	168	0.0
莱茵兰—普法尔茨	—	0.0	1379	0.3
黑森	—	0.0	249	0.1
巴伐利亚	—	0.0	165	0.0
柏林	—	0.0	—	0.0
不来梅	—	0.0	—	0.0
萨尔	—	0.0	—	0.0
总计	34 323	100.0	437 906	100.0

数据来源：联邦网络局监控报告。

关于可再生能源弃电的赔偿，根据德国可再生能源法（Renewable Energy Sources Act）的规定，可再生能源弃电将由配电网运营商和输电网运营商进行赔偿。所产生的费用最终转嫁到终端的电力消费者疏导。2014 年，德国可再生能源弃电所造成的损失达到了 8270 万欧元，见图 6-12。常规发电机组（煤电、气电和核电）同样有义务参与调峰以保证电网稳定安全，但不会从赔偿中获益，因为常规电源的燃料可储存作为备用。对于可再生能源弃电的补偿，要求至少补偿弃电量的 95%。实际运行中，弃电的程度可能有所差异，有可能限制为所能够发电量的 60%和 30%，甚至 100%完全弃电。

6.6.2 经验分析

德国可再生能源发电比重不断上升，以及由此导致的可再生能源弃电情况恶化，已经成为德国可再生能源发展的一个重大问题。为

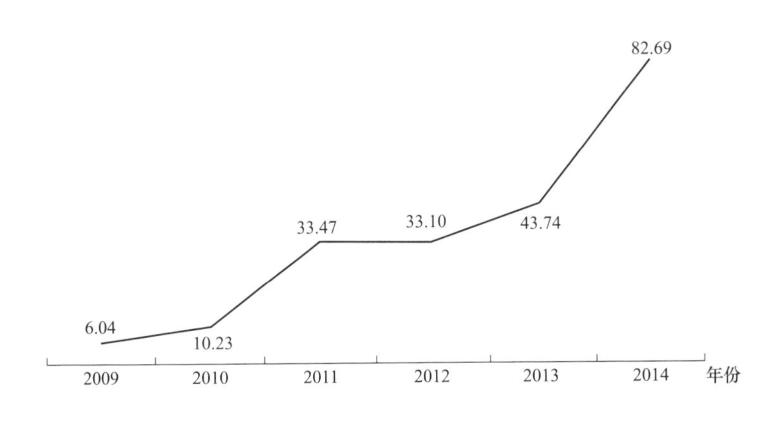

图 6-12 2009—2014 年德国可再生能源弃电赔偿费用（单位：百万欧元）

此，德国采取的解决措施主要有以下四个方面：

一是优化电网规划、运行和建设的工作，积极发挥电网消纳作用。

为了解决可再生能源发电与电力负荷分布不一致问题，德国规定四个输电网运营商应当共同协商并承担德国电网未来 10～20 年的优化运行和网络扩建。电源和负荷分布差异较大，并且就地消纳较难的地区，需要扩建长距离输电线路。同时，推动配电网的智能化升级改造，以促进可再生能源就地消纳，发挥先进智能的电网技术在推动电网发展和监管体系中所扮演的重要作用。

德国电网规划 2025❶和政府委托的配电网研究报告❷中强调，推广应用最先进技术非常重要，可以保障接入大规模可再生能源而不大幅增加电网投资。近年来，完善电力系统运行管理提高可再生能源占

---

❶ Network Development Plan Electricity 2025/ Netzentwicklungsplan Strom 2025, Oct 2015。

❷ Modern distribution grids for Germany, E-Bridge Consulting GmbH, Sep 2014 (Verteilernetzstudie, BMWi, 2015)。

比被证明是成功的。例如，电网调度决策逐步从日前推到实时调度运行，并且制订了更精细化的调度计划，包括优化电厂发电计划、输电计划、备用容量留取等[1]。

二是在规划中考虑了额外的弃电裕度，极大地降低了电网消纳可再生能源发电的成本。

德国联邦经济事务和能源部发布的《电力市场支撑德国能源转型》白皮书[2]和德国相关法律，规定可以在电力系统规划设计中留取3%的弃电量，即考虑可再生能源能够弃电3%，因为要求电网消纳“最后1kW•h的电量”并不具有最好的经济性。在实施过程中，3%弃电比例，极大降低了电网消纳可再生能源的成本，使得电网能够在降低运行扩建成本与促进可再生能源消纳之间找到一个合适的平衡点。相关研究报告指出[3]，3%弃电比例将降低配电网40%的扩展投资，未来能降低配电网运营相关成本15%左右。

三是减少电网运行的备用容量需求，挖掘和发挥系统的灵活调节潜力。

德国能源研究机构 Agora Energiewende 的一份研究表明，弃电不仅是可再生能源出力超过需求造成的，系统灵活资源缺失已经成为阻碍德国可再生能源消纳的一个重要因素。德国目前带基荷运行的常规电源比例还比较高，当前正考虑逐步退出核电机组。

减少保证系统稳定运行所需的传统机组备用容量，寻找其他的灵

---

[1] See also：System Integration of Renewables：Implications for Electricity Security，IEA Report to the G7，Feb 2016。

[2] An electricity market for Germany's energy transition/ Ein Strommarkt fuer die Energiewende：White Paper by the Federal Ministry for Economic Affairs and Energy (BMWi)，July 2015。

[3] Modern distribution grids for Germany，E-Bridge Consulting GmbH，Sep 2014 (Verteilernetzstudie commissioned by BMWi，2015)。

活性资源来源，发挥可再生能源和储能提供辅助服务的能力，已经成为德国能源电力行业人士讨论的重要议题[1]。近年来，电网监控和调度技术的进步，使得电网调度运行人员能够在更细的时间尺度下安排发电计划，计算和配置系统备用，降低了电网运行的备用容量需求，保证可再生能源消纳和系统安全稳定运行。

容量备用配置方案是德国电力市场改革最近的一项重要内容。这一规定确保了与系统安全稳定运行密切相关的一些重要机组，能够通过作为系统备用机组获得稳定的收入[2]。德国能源局一份研究报告分析了当前所有能够从可再生能源发电提供的辅助服务及其未来的潜力。

大规模可再生能源并网情景下，实现能源更经济开发，以及最大限度地降低电网扩建并减少弃电等，可通过增加其他技术的可行途径，包括储能和需求侧管理。德国政府公布的一项研究表明[3]：加强工业、零售、商业和民用电的需求侧管理，充分利用电动汽车、热泵、电锅炉和氢能，将是德国电网灵活资源的主要来源；电制热、负荷侧响应的发展潜力巨大，但是所需的政策支撑力度不够；电网级别储能装置的研发仍然不足。

---

[1] For background and contents of the consultation process see：An electricity market for Germany's energy transition/ Ein Strommarkt fuer die Energiewende：White Paper by the Federal Ministry for Economic Affairs and Energy (BMWi)，July 2015。

[2] For further info，see：An electricity market for Germany's energy transition/ Ein Strommarkt fuer die Energiewende：White Paper by the Federal Ministry for Economic Affairs and Energy (BMWi)，July 2015。

[3] Merit Order for Energy Storage Systems 2030，FfE e.V. Munich，funded by BMWi，2016：http://forschung — energiespeicher.info/en/projektschau/gesamtliste/projekt-einzelansicht/95/Energiespeicher_im_Jahr_2030/。

四是科学电力市场设计。

德国电力市场成功经验表明，建立在德国以及在全欧洲的灵活电力批发市场和零售市场对于提升系统运行效率和可再生能源并网非常重要，特别是短期市场对于优化调整电源发电计划至关重要。更重要的经验是，让更多的利益主体特别是社会各界参与能源部门的转型意义重大。

确保电力市场自由的定价机制。电力市场中，电价在反应供电成本和实现资源配置方面起着决定性作用。在德国电力市场 2.0 中，对价格机制的改进主要体现在保持目前市场的自由定价机制，以加强价格信号对于市场主体的激励作用。

在欧洲统一电力市场的环境下发展电力市场。德国联邦经济事务和能源部发布的《适应德国能源转型的电力市场》白皮书中提到，德国将会继续在欧洲统一电力市场的环境下发展电力市场。欧洲互联电力市场在一定程度上能够抵消可再生能源电力供应的波动性，从而削减系统总费用，提高运行效率。电力市场互联环境下所产生的跨国电力交易也提高了供电的灵活性。

允许更多电力供应商进入平衡市场。德国允许并鼓励更多的电力供应商进入平衡市场并参与竞争，从而确保德国电能供应的可靠性和质优价廉。德国联邦网络局还计划启动程序来规定拍卖规则，从而确保任何新的、灵活可靠的供应商都能够参与平衡市场的竞争。

明确聚集灵活电力用户的规则。德国计划修订电网接入条例的相关规则，以确保中小型灵活电力用户可以参与二次调频。

评估最小发电量。德国联邦网络局还将会定期对热电站最小技术出力进行评估，最大限度地减小火电机组最小技术出力，以增加火电机组的调峰能力，并每两年发布评估报告。第一份评估报告预计将会在 2017 年 3 月 31 日发布。

7

“十二五”新能源发电发展回顾及展望

7.1 “十二五”新能源发电发展回顾

“十二五”时期的五年，是中国新能源发展历程中具有里程碑意义的五年。这期间，风电、光伏发电装机规模和发电量持续快速增长，我国已经成为全球风电和光伏发电装机的第一大国，在世界能源结构优化和绿色发展转型中发挥了重要作用；新能源技术创新取得长足进步，我国大规模新能源并网调控技术领域走在了世界前列，全面支撑新能源规模化发展，推动新能源发电成本进一步下降；新能源配套电网建设方面取得了重要成就，建成了多个重大新能源配套跨区输电工程，新能源并网及送出线路累计长度相当于绕地球一周。

（1）新能源发电开始由补充电源向替代电源转变。

新能源发电装机容量从2010年底的3180万kW，提高至2015年底的18 088万kW，占全部装机容量的比例从3.3%提高至12%；新能源发电量从2010年的497亿kW·h增长至2015年的2684亿kW·h，占全社会用电量的比例从1.2%提高到4.8%。从各类电源的年新增发电量来看，2015年，新能源新增发电量435亿kW·h，首次超过全部电源新增发电量的357亿kW·h，火电、核电年新增发电量分别为-984亿kW·h和363亿kW·h，见图7-1。

（2）光伏发电呈现爆发式增长态势。

自2013年国务院发布《关于促进光伏产业健康发展的若干意

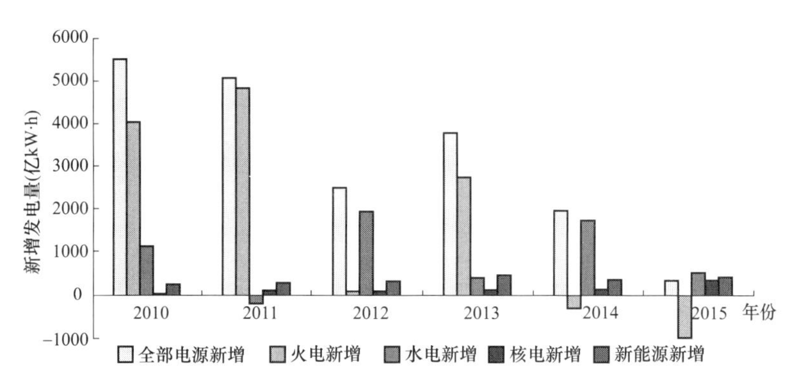

图 7-1 2010—2015 我国各类电源逐年新增发电量分布

见》，以及相关部委陆续出台一系列鼓励光伏发电发展的政策措施以来，中国光伏发电发展进入快速发展阶段。2013—2015 年，光伏发电年均新增并网容量 1169 万 kW，年均增速高达 86%。截至 2015 年光伏发电装机首次超越德国成为世界第一。

从发展类型来看，“十二五”期间光伏发电仍以集中式光伏电站开发为主，2013—2015 年光伏电站装机容量占全部光伏发电装机容量的比例超过 80%。分布式光伏发电逐渐成为投资热点。2012 年底，国家电网公司出台《关于做好分布式光伏发电并网服务工作的意见》和《分布式光伏发电接入配电网相关技术规范》，通过持续创新服务模式、简化并网手续、及时转付补贴资金等举措，有力推动分布式光伏快速发展。截至 2015 年底，国家电网公司经营区分布式光伏累计并网户数达到 22 627 户，累计并网容量 473 万 kW，见图 7-2。

(3) 新能源发电和并网调控技术创新取得显著进步。

风机呈现大容量发展趋势，低速风机技术成为新热点。“十二五”期间，中国已经实现了 4MW 以下风电机组的商业化应用，初步掌握 5、6MW 风电机组整机集成技术，5～6MW 海上样机也进入试运行阶段。陆上风机主流机型单机容量为 1.5～2MW，海上风机主流机

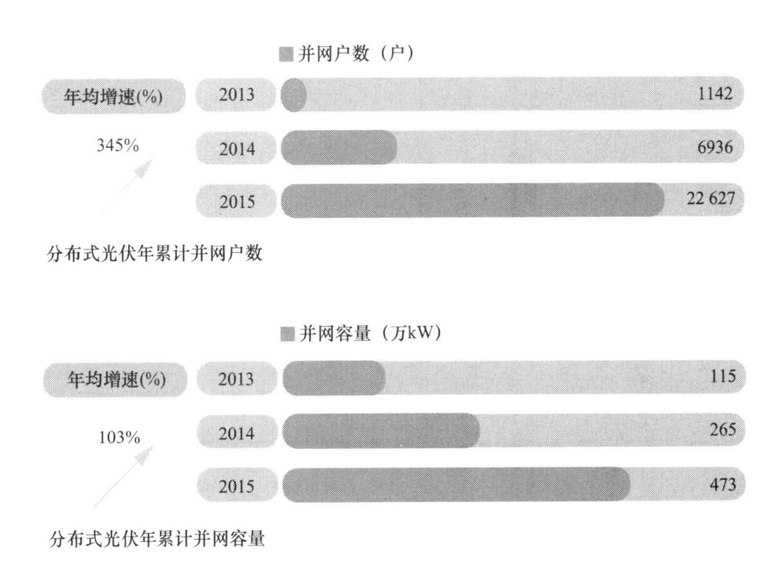

图 7-2 2013—2015 年国家电网公司经营区分布式光伏并网户数和容量

型单机容量为 3～5MW。预计到 2020 年，风电机组单机容量进一步提高，2～3MW 将成为我国陆上风机的主流机型，4～8MW 将成为海上风机的主流机型。联合动力公司推出 1.5MW 级 97 机型及 2MW 级 115 机型超低风速风机，适用于年均风速 5～6m/s 的超低风速地区，可根据业主需求和区域条件配置塔筒高度，在年均风速 5.2m/s 区域，等效年利用小时数可达到 2000h 以上。

多种太阳能光伏电池竞相发展。晶硅电池市场份额达到 80%以上，成为太阳电池主流技术。如表 7-1 所示，目前中国商业化应用的单晶硅太阳电池的光电转换效率为 17%左右，实验室效率最高可达到 24.7%；多晶硅电池光电转换效率为 16%左右，实验室效率最高可达到 20.3%。硅基薄膜太阳电池的效率为 8%～10%。砷化镓化合物电池转换效率可达 28%，但材料价格昂贵。铜铟硒、碲化镉多晶薄膜电池的效率为 12%～13%。

表 7-1　　已商业化应用的光伏发电技术效率　　%

技术路线	晶硅电池		薄膜电池				聚光电池
	单晶硅	多晶硅	非晶硅	非晶/微晶硅	碲化镉	铜铟硒	
实验室效率	24.7	20.3	12.8	15	18	18	42.7
批量生产效率	17	16	8	11	13	12	30

光热发电技术取得新突破，塔式技术开始示范应用。塔式光热发电技术具有聚光比高、系统容量大、效率高等优点，年均效率达16%～20%，未来有望成为中国大容量光热发电的主流技术，推动光热发电规模化发展。“十二五”期间，中国已建成试验示范性光热电站6座，总装机容量1.38万kW，浙江中控公司青海德令哈塔式光热电站投入商业运行，装机容量1万kW。

新能源并网调控技术走在世界前列。在大规模储能、柔性直流输电、分布式发电及微网控制、新能源发电集群控制等新能源并网调控相关领域累计完成20余项示范工程。建成具有国际领先水平风电、光伏发电并网研发（实验）中心，突破新能源并网智能控制和调度运行技术，开发应用高精度新能源功率预测、监控系统、风场AGC系统，在主要省区实现全面覆盖。

(4) 新能源发电成本进一步下降，光伏发电下降明显。

随着新能源技术不断进步及应用规模的不断扩大，“十二五”期间中国新能源发电的成本显著降低。陆上风电场单位投资成本从2010年的1540美元/kW下降至2015年的1370美元/kW，降幅达到11%；光伏电站单位投资成本从2010年的3340美元/kW下降至2015年的1470美元/kW，降幅达到56%，见图7-3。

(5) 新能源配套跨区电网建设取得重要成就。

“十二五”期间，国家电网公司累计投资新能源并网及送出工程849亿元，新增新能源并网及送出线路3.7万km，其中风电3.4万km，

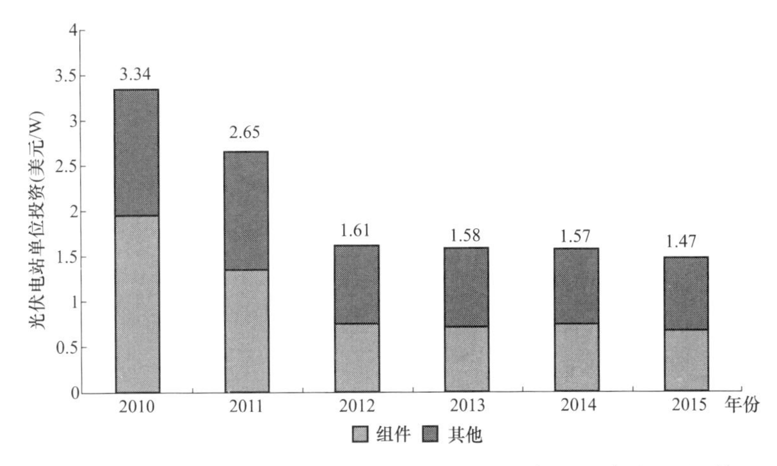

图 7-3 “十二五”期间中国光伏电站单位投资变化趋势

太阳能发电 3044km，累计线路长度超过 4 万 km。先后建成投运东北华北直流背靠背扩建工程、新疆与西北主网联网 750kV 第二通道、银川东—青岛±660kV 直流、哈密—郑州±800kV 特高压直流工程，累计建成新能源配套跨省跨区输电通道 4681km。目前，加快推进酒泉—湖南、准东—皖南、锡盟—山东等特高压工程建设。

7.2 新能源发电发展展望

7.2.1 全球新能源发电发展趋势

2016 年世界风电延续 2015 年快速增长势头，全年新增风电并网容量将达到 6400 万 kW。未来全球风电发展将呈现出多元化格局，我国将继续成为推动全球风电增长的主要力量。根据全球风能理事会相关预测，未来五年，风电累计装机容量的年均增速将保持在11%～15%，2016 年预计全球新增风电装机容量 6400 万 kW，到 2020 年底，全球风电装机容量将接近 8 亿 kW，详见表 7-2。从风电发展布局来看，部分发达国家风电装机容量已经占到总装机容量的较大份额，进一步发展需要政策支持和电网基础设施的持续完善，其增速会基本保持平稳。2016 年，欧洲风电保持平稳增长态势，新增风电装机容量预计达到 1300 万 kW，与 2015 年相比略有下降；北美风电新增装机容量 1000 万 kW，同比下降 7.4%。一些传统的亚洲风电大国和拉美、中东等其他区域的新兴市场成为未来全球风电增长更大的推动力。

表 7-2　　2016—2020 年世界风电装机容量预测

年份	2016	2017	2018	2019	2020
新增装机容量（万 kW）	6400	6800	7200	7570	7970
新增装机容量增长率（%）	1.6	6.3	5.9	5.1	5.3
累计装机容量（亿 kW）	4.97	5.65	6.37	7.12	7.92
累计装机容量增长率（%）	14.8	13.7	12.7	11.9	11.2

数据来源：GWEC《2015 年全球风电报告》。

世界光伏发电已经进入快速增长通道，预计 2016 年全年新增装机规模高于 2015 年，市场格局进一步向亚太地区倾斜。随着德国、意大利、西班牙等传统光伏发电大国政策调控力度的持续加大，光伏发电新增装机规模将明显减小。与此同时，中国、美国、日本、印度等欧盟以外国家在国内政策的驱动下，有望实现快速增长。预计 2016 年，全球光伏发电在中国、美国的带动下，光伏发电将继续保持快速增长，全年新增装机规模约 6173 万 kW，同比增长 22%。根据欧洲光伏产业协会（EPIA）对近期世界光伏发电装机容量的相关预测，在中方案情景下，全球光伏发电装机容量预计将达到 6 亿 kW 左右，见图 7-4。

世界光热发电将加速发展，有望成为新能源发展中的新兴力量。从 2016 年到 2020 年，随着技术的逐步成熟，以及更多发展光热发电的激励政策的出台，世界太阳能光热发电将呈现加速发展势头。中国、印度、土耳其、非洲、中东和拉美地区光热发电资源将

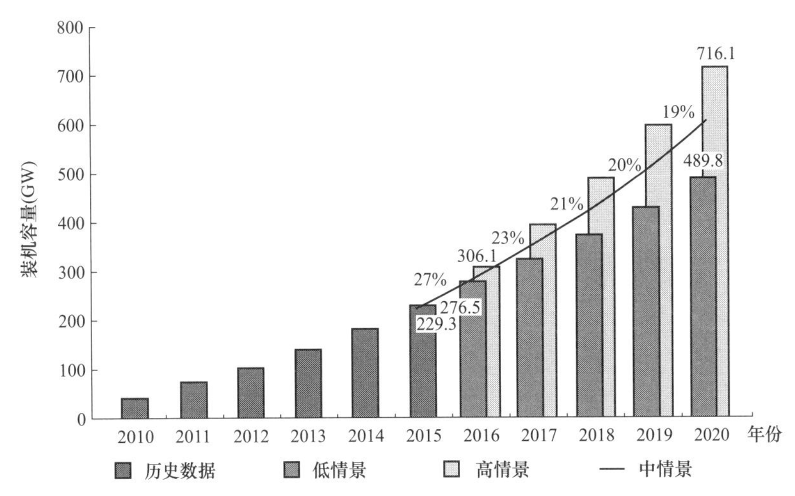

图 7-4 2016—2020 年世界光伏发电累计装机容量预测

数据来源：EPIA《2016—2020 年全球光伏市场展望》。

得到更加详细的勘察。预计到 2020 年，全球太阳能光热发电装机容量将超过 3000 万 kW。

7.2.2 中国新能源发电发展趋势

(1) 陆上风电继续保持平稳增长，2016 年新增风电装机容量维持在 2500 万 kW 左右，中东部地区风电将加快发展。

当前中国风电发展已经进入稳步增长阶段，风电产业政策总体上不会出现较大波动。2016 年，预计风电仍将保持平稳增长态势，全年新增并网容量将达到 2500 万 kW 左右，全国累计风电并网容量将达到 1.55 亿 kW 左右。

从风电装机布局来看，近期出台相关政策引导风电加快向中东部地区布局。一方面，严控“三北”产能过剩地区年度新增规模，内蒙古、吉林、黑龙江、甘肃、宁夏、新疆等省（区）2016 年度明确不安排新增风电项目。另一方面，在 2016 年风电年度建设规模布局中，东中部地区风电项目容量占比达到 78%，并且要求 2020 年湖南、湖北、江苏、浙江、安徽等地区的配额指标达到 7%，比目前消纳比例提高约5个百分点。考虑这些政策实施带来的效果，预计2016年“三北”地区风电增速进一步放缓，新增风电装机容量约680万kW，同比下降72%；中东部地区风电新增装机容量有望达到1800万kW，同比增长128%。

（2）2016年海上风电将迎来重要的发展机遇，装机规模有望进一步提速。

与陆上风电相比，海上风电风能资源的能量效益比陆上风电场高20%～40%，还具有风速高、沙尘少、利用小时数高、适合大规模开发等优点。目前，国家发展改革委已经出台海上风电上网电价，国家能源局发布了2014—2016年海上风电开发建设方案，总装机容量达到1053万kW，主要分布在我国8个沿海省份，其中江苏、福建、广东和河北规划海上风电装机规模超过了100万kW。预计2016年海上风电发展有望进一步提速，新增海上风电并网容量超过200万kW，累计并网容量有望超过300万kW。

（3）2016年光伏发电保持快速发展势头，集中式光伏电站仍是增长主力，分布式光伏发电在光伏扶贫工程带动下有望加快发展。

受2016年6月30日光伏上网电价政策调整影响，2016年上半年光伏发电进入抢装潮，新增并网容量快速大幅增长，达到2078万kW，其中集中式光伏电站新增规模占比达到91%。截至2016年6月底，全国光伏发电累计并网容量已超过6000万kW。

预计2016年下半年光伏发电将进入平稳增长阶段，全年光伏发电新增并网容量有望达到3000万kW左右，累计并网容量将超过7000万kW，同比增长约60%。其中，集中式光伏电站新增并网容量约2600万kW，占全部光伏发电新增并网容量比例约为87%；分布式光伏将在光伏扶贫工程带动下加快发展，预计全年分布式光伏发电新增并网容量达到400万kW左右，同比增长49%。

（4）2016年光热发电规模化开发启动，“十三五”期间光热发电将实现新的突破。

国家能源局积极推进光热示范项目建设，提出2014—2016年通过示范电价政策扶持完成一批商业化示范项目建设，2017年进入大规模开发建设阶段。目前，国家发展改革委已批复张家口市可再生能源示范区发展规划，提出光热发电至2020、2030年的规划目标分别为100万、600万kW。预计2016年，中国光热发电将进入加快发展阶段，新增并网容量有望超过200万kW。“十三五”期间，将大力推动光热发电示范项目，并且考虑到光热发电标杆上网电价政策可能会出台，中国光热发电有望实现新的突破，累计装机容量将达到1000万kW。

附录1 2015年世界新能源发电发展概况

截至2015年底，世界新能源发电[1]装机容量约7.8亿kW[2]，同比增长18%。其中，风电装机容量4.3亿kW，约占56%；太阳能发电装机容量约2.3亿kW，约占29%；生物质发电及其他发电装机容量约1.2亿kW，约占15%，具体如附图1-1所示。

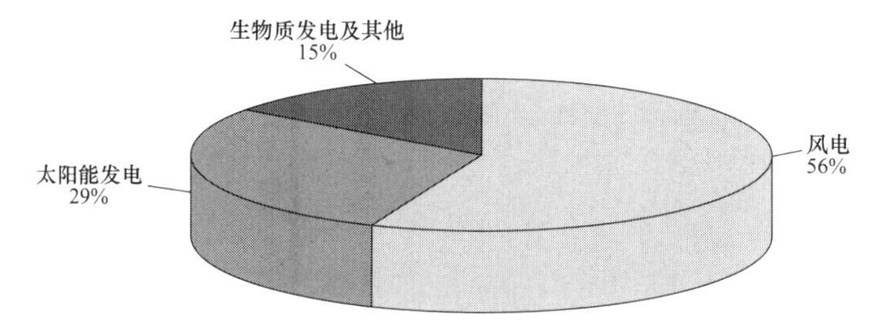

附图1-1 2015年世界新能源发电装机构成

2015年，世界新能源发电量约16 125亿kW·h[3]，风电发电量约占新能源发电量的52%，太阳能发电量约占16%，生物质发电及其他发电量约占32%，具体如附图1-2所示。2015年世界新能源发电量约占全部发电量的7%。

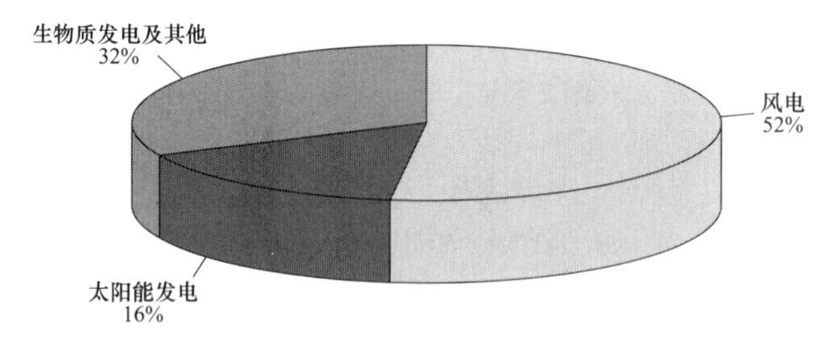

附图1-2 2015年世界新能源发电量构成

[1] 指非水可再生能源。
[2] 数据来源：IRENA，Renewable Capacity Statistics 2016。
[3] 数据来源：BP，Statistical Review of World Energy 2015。

2015 年世界分品种新能源发电装机容量的国家排名如附表 1-1 所示。

附表 1-1 2015 年世界分品种新能源发电累计和新增装机容量排名前五位国家

排 名	1	2	3	4	5
风电装机容量	中国	美国	德国	印度	西班牙
新增风电装机容量	中国	美国	德国	巴西	印度
太阳能光伏发电装机容量	中国	德国	日本	美国	意大利
新增太阳能光伏发电装机容量	中国	日本	美国	英国	印度

（一）风电

世界风电装机增速回升。截至 2015 年底，世界风电装机容量达到 4.32 亿 kW[1]，同比增长 17.0%，比 2014 年增加 0.8 个百分点。2015 年世界风电新增装机容量约 6294 万 kW，同比增加约 24%。2001—2015 年世界风电装机容量如附图 1-3 所示。

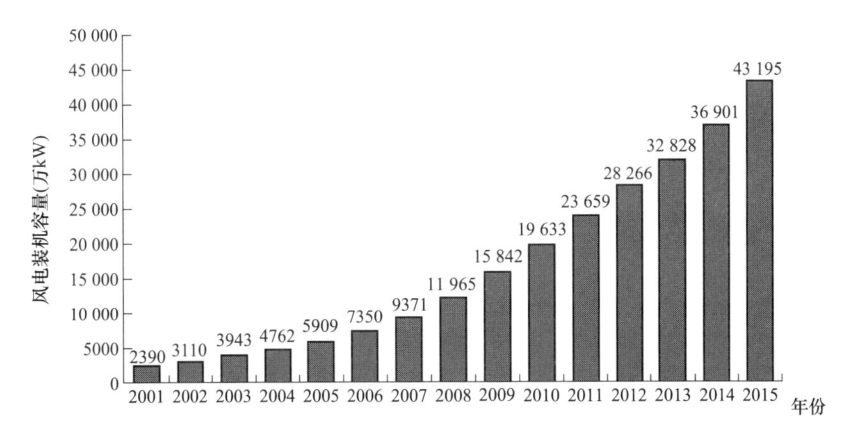

附图 1-3 2001—2015 年世界风电装机容量

[1] 数据来源：IRENA，Renewable Capacity Statistics 2016。

亚洲、欧洲和北美仍然是世界风电装机的主要市场。2015年，从世界风电装机的总体分布情况看，亚洲、欧洲和北美仍然是世界风电装机容量最大的三个地区，累计风电装机容量分别达到17 594万、14 375万、8685万kW，分别占世界累计风电容量的40.7%、33.3%和20.1%，如附图1-4所示。

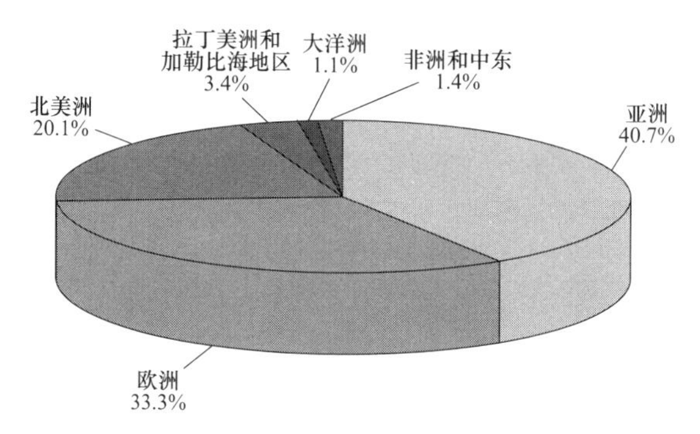

附图1-4 2015年世界风电累计装机容量大区分布情况

中国、美国、德国、印度、西班牙位列世界风电装机前五强。截至2015年底，世界风电装机容量最多的国家依次为中国❶、美国、德国、印度、西班牙，装机容量分别为12 830万、7258万、4495万、2509万、2301万kW，合计超过世界风电总装机容量的68%。中国是世界并网风电装机容量最多的国家，如附图1-5所示。新增装机容量最多的国家依次为中国、美国、德国、巴西、印度，新增装机容量分别为3075万、860万、601万、275万、262万kW，中国新增风电装机容量居世界第一，约占全球风电新增装机容量的48%。

海上风电发展呈现地域较为集中的特点。截至2015年底，海上风电累计装机容量约占世界风电总装机容量的2.8%；2015年海上风

❶ 中国按并网口径计算。

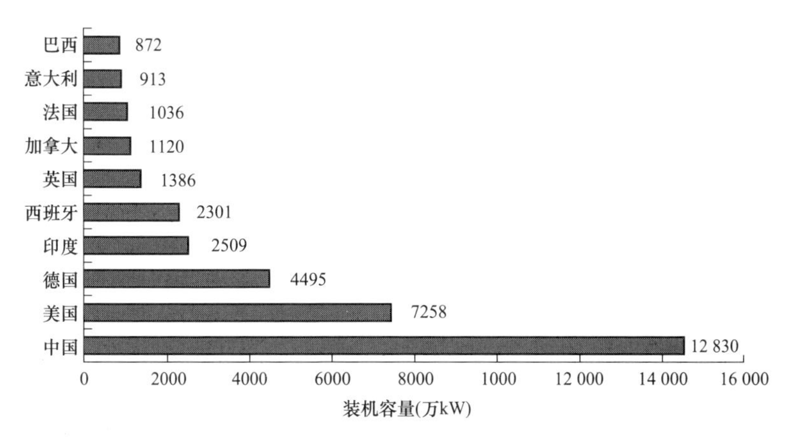

附图 1-5 2015 年世界风电累计装机容量排名前十位的国家

电新增装机容量约 344 万 kW，约占世界风电新增装机容量的 5.5%。目前超过 90%的海上风电装机位于欧洲，其他的示范项目位于中国、日本、韩国和美国。截至 2015 年底，欧洲海上风电累计装机容量 1108 万 kW，其中装机容量排名前三位的国家依次为英国（511 万 kW）、德国（330 万 kW）、丹麦（127 万 kW）；2015 年欧洲海上风电新增装机容量 309 万 kW，其中 74%集中在德国（228 万 kW），其次为英国（60 万 kW，19%）、荷兰（20 万 kW，6%）。2006—2015 年全球海上风电装机容量如附图 1-6 所示。

附图 1-6 2006—2015 年全球海上风电装机容量

（二）太阳能发电

1. 光伏发电

全球光伏发电装机容量仍然保持快速增长，新增装机容量创历史新高。截至 2015 年底，世界光伏发电装机容量达到 22 236 万 kW[1]，同比增长 27%；新增装机容量达到 4700 万 kW，同比增长 22%，创历史新高。2006—2015 年世界光伏发电装机容量如附图 1-7 所示。其中，欧洲光伏发电装机容量达到 9592 万 kW，占世界光伏发电装机容量的 43%；新增装机容量为 760 万 kW，占世界光伏发电新增装机容量的 16%，较上年新增装机容量有所增加。

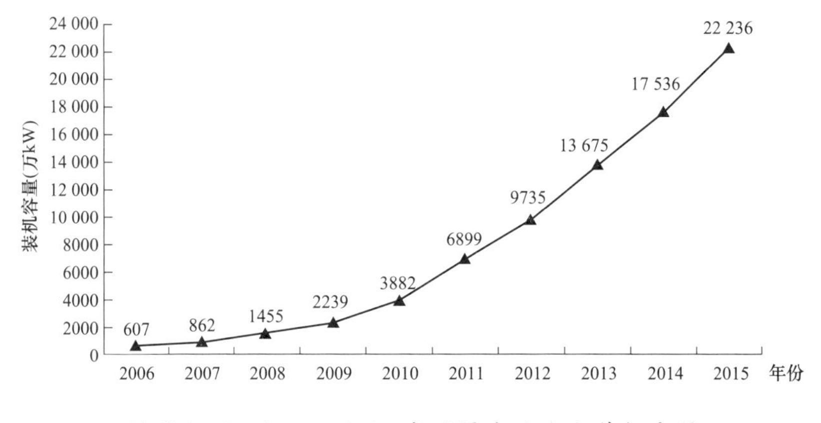

附图 1-7　2006—2015 年世界光伏发电装机容量

中国、德国、日本、美国、意大利成为全球累计光伏发电装机容量前五名国家。截至 2015 年底，世界光伏发电累计装机容量最多的国家依次为中国、德国、日本、美国和意大利，装机容量分别为 4849 万、3963 万、3330 万、2554 万、1891 万 kW。尽管受到上网电价下调的不利影响，但由于光伏组件价格大幅下降，日本光伏发电装机容量继续保持增长，累计装机容量跃升至全球第三位；意大利、德

[1] 数据来源：IRENA，Renewable Capacity Statistics 2016。

国光伏发电装机容量增长乏力；中国光伏发电持续快速发展，累计装机容量超越德国，成为世界第一位。

中国新增光伏发电装机容量继续保持世界第一位。2015年，世界光伏发电新增装机容量排名前五位的国家依次为中国、日本、美国、英国和印度，新增容量分别为1500万、1000万、726万、370万、191万kW，如附图1-8所示。

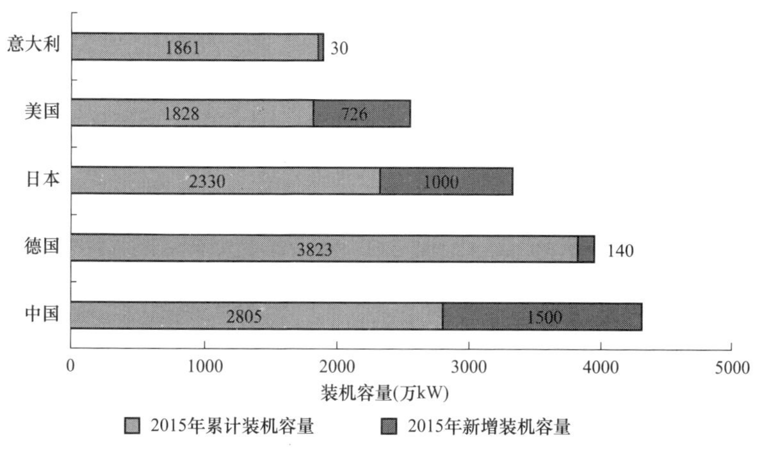

附图1-8 2015年世界光伏发电装机容量排名前五位的国家

2. 光热发电

世界光热发电装机稳步增长。截至2015年底，世界光热发电装机容量465万kW，同比增长6%，2006—2015年均增长率约为31%，具体如附图1-9所示。已投运的光热电站以槽式技术为主，塔式光热电站装机容量逐步提高。

世界光热发电主要集中在西班牙和美国。截至2015年底，西班牙光热发电装机容量230万kW，占全球光热发电装机容量的49%；美国光热发电装机容量约178万kW，占总装机容量的38%；其他在运的光热电站分布在印度（20.4万kW）、南非（15万kW）、阿联酋（10万kW）、阿尔及利亚（2.5万kW）、埃及（2万kW）、摩洛哥（2.3万kW）。规划建设的光热电站主要位于非洲、中东、亚洲和拉美地区。

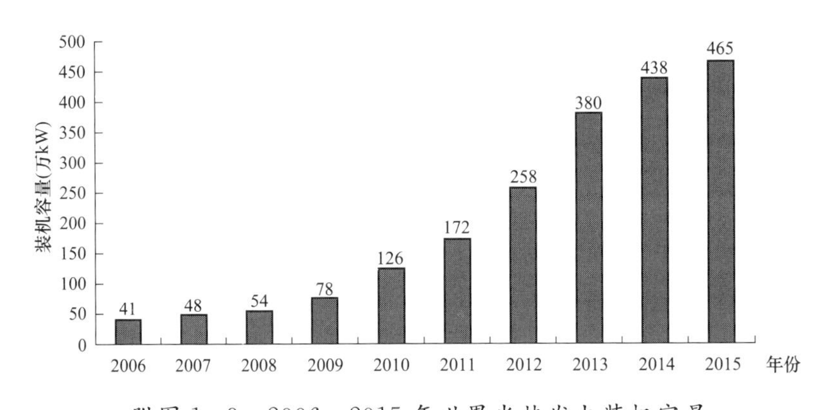

附图 1-9　2006—2015 年世界光热发电装机容量

数据来源：IRENA，Renewable Capacity Statistics 2016。

（三）其他新能源发电

生物质发电利用规模同比减少，欧盟是世界生物质发电发展较好的地区。截至 2015 年底，世界生物质发电装机容量约 1.04 亿 kW，同比增长 5%。世界生物质发电以生物质固体燃料（主要指农林废弃物）为主，约占生物质发电总量的 84%，其次为沼气发电和垃圾发电。2015 年底，欧盟 28 国生物质发电装机容量达到 3794 万 kW，占世界生物质发电装机总容量的 37%。

世界地热发电装机容量稳步增长。世界高温地热资源较少，而高效开发浅层地热资源的技术难度较大。2015 年全球地热发电新增装机容量约 61 万 kW，累计装机容量约 1309 万 kW。地热发电装机容量排名前五位的国家依次为美国、菲律宾、印度尼西亚、墨西哥、新西兰。

世界海洋能发电规模较小。目前，海洋能发电技术相对成熟的是潮汐发电。截至 2015 年底，全球海洋能发电装机容量约 55 万 kW。韩国建成 25.4 万 kW 的潮汐能电站，仍然是目前世界上最大的海洋能发电设施；法国在运潮汐能电站 24 万 kW；其他在运的电站包括加拿大 2 万 kW 的潮汐能电站、中国浙江 3900 kW 的潮汐能电站，以及英国约 9000kW 的潮汐能和波浪能发电项目。

附录2　国外最新出台新能源发电产业政策动态

（一）美国

美国将重点开发加勒比地区清洁能源项目。2015年1月26日，牙买加总理辛普森-米勒及能源部长鲍威尔参加了由美国副总统拜登主导召开的首届加勒比地区能源峰会。美国白宫当天宣布，美国海外私人投资公司（OPIC）将重点开发加勒比地区清洁能源项目，牙买加将成为最大受益国。

美国能源部投入5900万美元推动太阳能创新。2015年2月，美国能源部部长欧内斯特·莫尼兹宣布，政府将投入5900多万美元推动太阳能技术创新，力争到2020年实现可再生能源发电量再翻一番的目标。其中4500万美元将用于新型太阳能技术的市场推广；另外大约1400万美元则用于奖励15个帮助社区制定多年期太阳能部署计划的新项目。

美国政府宣布清洁能源项目投资促进计划。2015年2月10日，美国政府宣布了一个旨在增加清洁能源项目投资规模的规划。作为这一政策的一部分，政府正在启动一个清洁能源投资行动，并宣布一个推进20亿美元私人部门投资以寻求环境变化解决方案的目标，将在包括具有减少碳排放污染潜在突破性进展的创新技术等领域进行投资。

奥巴马新政令助可再生能源发展。2015年3月19日，美国总统奥巴马签发一项行政命令，要求联邦政府在未来十年把温室气体排放减少到比2008年低40％的水平。他还承诺，联邦政府利用可再生能源发电的比例到2025年将提高到30％。

美国政府发布《清洁电力计划》最终方案。2015年8月3日，美国总统奥巴马发布《清洁电力计划》最终方案。与2014年的草案相比，最终方案将针对美国发电企业的减排标准由到2030年碳排放量较2005基准年下降30%上调到32%。为减缓减排目标对各州经济的冲击，最终方案推迟了各州减排方案产生效果的时间，由此前草案规定的2020年延后至2022年。最终方案还设立了一个清洁能源促进项目，对在州政府提交实施方案后开工建设且在2020年和2021年发电的清洁能源项目给予奖励。

美国能源部发布《四年度能源技术评估》报告。2015年9月，美国能源部发布《四年度能源技术评估》报告，详细评估了能源系统六大核心领域的技术发展现状，提出了每个领域以及领域间12项交叉技术的未来研究、开发、示范和部署机遇，以推动实现安全、经济、环境友好的能源系统这一国家能源战略目标。

美国加州州长签署SB350法案，50%可再生能源电力承诺成为法律。2015年10月，加州州长杰瑞·布朗批准了"具有里程碑意义"的立法——SB350法案，要求在节约方面翻倍建筑的能源效率，同时到2030年将该邦的可再生能源份额标准从33%提高到50%。

（二）欧盟

德国能源转型迈向新阶段，可再生能源补贴转向竞拍。2015年初，德国总理默克尔执政的内阁审批通过了地面光伏系统招标草案。首轮招标定于2015年4月15日进行。并于2015年至2017年间陆续举行三轮招标。德国政府计划地面项目年均装机量能达到400MW左右。2015年，德国联邦网络管理局将招标总量定为500MW，2016年计划招标400MW，2017年则为300MW。但如果年装机目标未能达成，那么第二年的招标额将进行适当调整。

德国可再生能源转换项目启动实施，利用过剩风能太阳能制氢。

2015 年 7 月 2 日，林德集团与德国西门子股份公司、德国美因茨市市政、德国莱茵曼应用技术大学共同合作开发的美因茨能源区项目正式启动，该项目旨在将清洁的电力来源如风电场所产生的电能用来生产氢气并加以储存。据悉，项目总投资额为 1700 万欧元，历经近一年的建设期，是迄今为止世界上最大的绿色氢气站。

英国取消陆上风电补贴。英国决定于 2016 年 4 月 1 日取消陆上风电补贴，这比原计划早了 1 年。首相卡梅伦、女王伊丽莎白二世都对此表示支持，而从上年公布提案开始，反对之声就不绝于耳。2015 年 6 月 18 日，正式决议公布后，立即引爆环保人士以及苏格兰政府的强烈不满。根据全球风能理事会数据，英国是全球第六大风电生产国，拥有 1270 万 kW 风电装机容量，其中陆上风电占 65%，海上风电占 35%。官方对取消补贴给出的理由是：英国现在陆上风电项目数量已经足够，且势头强劲，可再生能源目标将会得到满足，因此并不需要补贴。

英国进一步削减可再生能源补贴。2015 年 7 月，英国政府宣布进一步削减可再生能源项目补贴，削减计划包括提前取消陆上风电站的政府补助，逐步取消对小型太阳能项目的补贴，改变可再生能源项目申领补助的方式，修改对生物能源项目补助等。

法国议会批准《绿色发展能源过渡法》，2016 正式实施。2015 年 7 月，法国通过了《绿色发展能源过渡法》。过渡法旨在更好地平衡不同的能源供应来源，其内容主要有两个方面，以实施奥朗德总统的两项竞选承诺：①到 2025 年法国核能发电量所占比重，从 75%降到 50%，现有的 63.2GW 作为今后最高核能电力；②通过促进绿色增长，为法国创造 10 万个就业岗位。除减少核能比例外，该法案还涉及碳税增长、发展可再生能源、降低温室气体排放量、禁止使用塑料袋等多方面内容。

（三）日本

日本可再生能源补助政策修改草案正式公布。2015年1月22日，日本资源能源厅（ANRE）公布了一份现有上网电价方案的修订草案，并提出新的输出控制方案，希望借此提高可再生能源装机。首先在系统方面做出以下几点修正：修订设施的覆盖率以控制其输出；变更目前的计划，以限制可再生能源发电量的输出发电设施不补偿的计算标准从每天改成每小时；可再生能源发电设施的运营商须建立远端输出控制系统。ANRE还将针对现有的可再生能源系统电力收购价格（FIT）做出修正；修订太阳能发电收购价，使其更合理；避免某些企业尚未有明确的业务计划前就提前申请可再生能源合约，而占掉了计划额度；努力确保电站的设置地点，不会影响当地社区的生活与工作。

日本经济产业省拟实施太阳能发电投标制度。2015年12月15日，日本经济产业省在有关修改可再生能源固定价格收购制度的专家会议上提交报告草案，主要内容为实施太阳能发电投标制度，力争降低将被反映到电费上的收购费用。地热、水力等收购价格也将先做决定以方便制定计划。日本经济产业省力争在2016年例行国会期间修改《可再生能源特别措施法》，最快从2017年度起投入运用。固定价格收购制度是指电力公司在一段时期内以相同价格收购太阳能等可再生能源所发电力。由于太阳能设定的收购价格较有优势，参与企业十分集中。报告草案决定将对新加入的大规模太阳能发电项目实施招标制度，发电成本低的企业拥有优先权，以此降低国民负担。

附录3 世界新能源发电数据

附表3-1 截至2015年底世界分品种新能源发电装机容量

百万kW

技术类型	世界	欧盟28国	美国	德国	中国	西班牙	意大利	印度
风电	432	142	73	44	145	23	9.1	25
太阳能光伏发电	177	94	26	40	43	4.8	19	5
太阳能光热发电	4.7	2.3	1.7	0	0	2.3	0	0.2
生物质发电	104	38	13.8	9.1	10	1.1	3.8	5.6
地热发电	13	0.9	3.5	0	0	0	0.7	0
海洋能发电	0.5	0.3	0	0	0	0	0	0
合计	731	278	118	93	198	31	33	36

数据来源：IRENA，Renewable Capacity Statistics 2016。

注 中国风电按并网口径统计，光伏发电采用水电水利规划设计总院光伏发电并网容量数据。

附表3-2 截至2015年底世界排名前16位

国家风电装机容量

万kW

序号	国家	装机容量	序号	国家	装机容量
1	中国	12 830	5	西班牙	2301
2	美国	7258	6	英国	1386
3	德国	4495	7	加拿大	1120
4	印度	2509	8	法国	1036

续表

序号	国家	装机容量	序号	国家	装机容量
9	意大利	913	13	葡萄牙	508
10	巴西	872	14	丹麦	506
11	瑞典	603	15	土耳其	469
12	波兰	510	16	澳大利亚	419

数据来源：IRENA，Renewable Capacity Statistics 2016。

注 中国按并网口径计算。

附表 3-3　　截至 2015 年底世界排名前 16 位国家光伏发电装机容量

万 kW

序号	国家	装机容量	序号	国家	装机容量
1	中国	4318	9	印度	496
2	德国	3963	10	西班牙	483
3	日本	3330	11	比利时	320
4	美国	2554	12	韩国	317
5	意大利	1891	13	希腊	260
6	英国	908	14	加拿大	224
7	法国	655	15	捷克	207
8	澳大利亚	503	16	泰国	160

数据来源：IRENA，Renewable Capacity Statistics 2016。

注 中国按并网口径计算。

附录 4 中国新能源发电数据

附表 4-1 2015 年中国各电网风电装机容量及利用比例

区域	风电装机容量（万 kW）	总装机容量（万 kW）	占比（%）	风电发电量（亿 kW•h）	总发电量（亿 kW•h）	占比（%）
北京	15	1086	1.4	3	421	0.6
天津	29	1324	2.2	6	601	1.0
河北	1022	5778	17.7	168	2301	7.3
山西	669	6966	9.6	100	2457	4.1
内蒙古	2425	10 402	23.3	408	3923	10.4
辽宁	639	4322	14.8	112	1619	6.9
吉林	444	2611	17.0	60	704	8.6
黑龙江	503	2647	19.0	72	895	8.0
上海	61	2344	2.6	10	821	1.2
江苏	412	9541	4.3	64	4426	1.5
浙江	104	8158	1.3	16	2972	0.6
安徽	136	5161	2.6	21	2062	1.0
福建	172	4919	3.5	44	1883	2.3
江西	67	2389	2.8	11	982	1.2
山东	721	8572	8.4	121	3746	3.2
河南	91	6744	1.4	12	2559	0.5
湖北	135	6411	2.1	21	2356	0.9
湖南	156	3893	4.0	22	1253	1.8
广东	210	9935	2.1	41	3770	1.1
广西	43	3456	1.2	6	1318	0.5

续表

区域	风电装机容量（万 kW）	总装机容量（万 kW）	占比（%）	风电发电量（亿 kW·h）	总发电量（亿 kW·h）	占比（%）
海南	31	635	4.9	6	256	2.3
重庆	10	2024	0.5	3	674	0.4
四川	73	8673	0.8	9.6	3209	0.3
贵州	323	5066	6.4	33	1933	1.7
云南	412	7671	5.4	94	2561	3.7
西藏	1	196	0.4	0.1	38	0.3
陕西	114	3389	3.4	18	1321	1.4
甘肃	1252	4643	27.0	127	1228	10.3
青海	47	2074	2.3	6.9	573	1.2
宁夏	822	3157	26.0	88	1166	7.6
新疆	1691	6486	26.1	148	2017	7.3

数据来源：中国电力企业联合会《2015 年全国电力工业统计快报》。

附表 4-2　　2015 年中国太阳能发电并网容量　　万 kW

省（区、市）	光伏电站	分布式光伏	光热	太阳能发电合计
北京	2	14	0	16
天津	3	9	0	12
冀北	109	1	0	111
冀南	103	26	0	129
山西	111	2	0	113
山东	89	44	0	133
蒙西	413	18	0	431
辽宁	7	9	0	16
吉林	6	1	0	7
黑龙江	1	1	0	2

续表

省（区、市）	光伏电站	分布式光伏	光热	太阳能发电合计
蒙东	58	0	0	58
上海	2	19	0	21
江苏	304	118	0	422
浙江	42	122	0	164
安徽	89	32	0	121
福建	3	12	0	15
江西	17	26	0	43
河南	14	27	0	41
湖北	43	6	0	49
湖南	0	29	0	29
重庆	0	0	0	0
四川	33	3	0	36
陕西	112	5	0	117
甘肃	606	4	0	610
青海	564	0	1	565
宁夏	306	3	0	309
新疆	562	4	0	566
西藏	17	0	0	17
广东	7	56	0	63
广西	5	7	0	12
海南	19	5	0	24
贵州	3	0	0	3
云南	63	2	0	65
合计	3712	606	1	4319

数据来源：国家能源局，中国电力企业联合会《2015 年全国电力工业统计快报》。

附表 4-3　2015 年风电方面新发布国家标准和行业标准

国家标准	GB/T 32352—2015	高原用风力发电机组现场验收规范
	GB/T 21407—2015	双馈式变速恒频风力发电机组
	GB/T 32077—2015	风力发电机组变桨距系统
	GB/T 32128—2015	海上风电场运行维护规程
	GB/T 31997—2015	风力发电场项目建设工程验收规程
	GB/T 22516—2015	风力发电机组噪声测量方法
	GB/T 31519—2015	台风型风力发电机组
	GB/T 31517—2015	海上风力发电机组设计要求
	GB/T 30966.5—2015	风力发电场监控系统通信　第 5 部分：一致性测试
	GB/T 31518.2—2015	直驱永磁风力发电机组　第 2 部分：试验方法
	GB/T 31518.1—2015	直驱永磁风力发电机组　第 1 部分：技术条件
	GB/T 30966.6—2015	风力发电场监控系统通信　第 6 部分：状态监测的逻辑节点类和数据类
	GB/T 31817—2015	风力发电设施防护涂装技术规范
行业标准	NB/T 31075—2016	风电场电气仿真模型建模及验证规程
	NB/T 31076—2016	风力发电场并网验收规范
	NB/T 31077—2016	风电场低电压穿越建模及评价方法
	NB/T 31078—2016	风电场并网性能评价方法
	NB/T 31079—2016	风电功率预测系统测风塔数据测量技术要求
	NB/T 31080—2016	海上风力发电机组钢制基桩及承台制作技术规范
	NB/T 31082—2016	风电机组塔架用高强度螺栓连接副
	NB/T 31083—2016	风电场控制系统功能规范
	NB/T 31084—2016	风力发电工程建设施工监理规范
	NB/T 31085—2016	风电场项目经济评价规范
	NB/T 31086—2016	风电场工程水土保持方案编制技术规范
	NB/T 31087—2016	风电场项目环境影响评价技术规范
	NB/T 31088—2016	风电场安全标识设置设计规范

续表

行业标准	NB/T 31089—2016	风电场设计防火规范
	NB/T 31090—2016	并网型风力发电机组售后服务规范
	NB/T 31091—2016	并网型风力发电机组成套供应规范
	NB/T 31092—2016	微电网用风力发电机组性能与安全技术要求
	NB/T 31093—2016	微电网用风力发电机组主控制器技术规范
	NB/T 31094—2016	风力发电设备海上特殊环境条件与技术要求
	NB/T 31095—2016	风电电气设备安全通用要求
	NB/T 31096—2016	高原风力发电机组用双馈式变流器技术要求
	NB/T 31097—2016	高原风力发电机组用全功率变流器技术要求
	NB/T 31098—2016	风电场工程规划报告编制规程

附表4-4　2015年太阳能发电方面新发布国家标准和行业标准

国家标准	GB/T 32512—2016	光伏发电站防雷技术要求
	GB/T 32649—2016	光伏用高纯石英砂
	GB/T 6495.11—2016	光伏器件　第11部分：晶体硅太阳电池初始光致衰减测试方法
	GB/T 31984—2015	光伏组件用乙烯-醋酸乙烯共聚物中醋酸乙烯酯含量测试方法　热重分析法（TGA）
	GB/T 31854—2015	光伏电池用硅材料中金属杂质含量的电感耦合等离子体质谱测量方法
	GB/T 31366—2015	光伏发电站监控系统技术要求
	GB/T 31365—2015	光伏发电站接入电网检测规程
行业标准	NB/T 32027—2016	光伏发电工程设计概算编制规定及费用标准
	NB/T 32028—2016	光热发电工程安全验收评价规程
	NB/T 32029—2016	光热发电工程安全预评价规程

参　考　文　献

[1] IEA. Renewable Information 2015. Paris，2014.

[2] EPIA. Global Market Outlook 2016－2020. Brussels，2016.

[3] IRENA. Renewable energy technologies：cost analysis series—Wind Power. Bonn，2013.

[4] BP. Statistical Review of World Energy 2015. London，2016.

[5] GWEC. 全球风电市场发展报告 2015. Brussels，2016.

[6] REN21. 2015 年全球可再生能源现状报告 . Paris，2016.

[7] 中国电力企业联合会 . 2015 年电力工业统计快报 . 北京，2016.

[8] 中国光伏产业联盟 . 2015 年中国光伏产业发展报告 . 北京，2016.

[9] 国家电网公司发展策划部，国网能源研究院 . 国际能源与电力统计手册（2015 版）. 北京，2016.

[10] 水电水利规划设计总院国家风电信息管理中心 . 2015 年度中国风电建设统计评价报告 . 北京，2016.

[11] 水电水利规划设计总院 . 2015 年度中国太阳能发电建设成果统计报告. 北京，2016.

[12] 水电水利规划设计总院 . 2015 年度中国生物质发电建设成果统计报告. 北京，2016.